Arbeitszeugnisse –
Was ist zu beachten?

Verschiedene Typen von Arbeitszeugnissen

Wir leben in Deutschland, und das bedeutet: Papier regiert unser Leben. Für alles und jedes benötigt man ein Erlaubnispapier. Und wer als Erstklässler* in die zweite Klasse gelangen will, bekommt ein Zeugnis, ob er es möchte oder nicht.

Zeugnisse begleiten uns durchs Leben, sie stellen Weichen, können Chance und Risiko sein. Immer wieder und wieder werden wir von anderen beurteilt, leider nicht immer richtig. Ungerechte oder als ungerecht empfundene Beurteilungen verursachen häufig Streit. Jedes Jahr kommt es vor deutschen Arbeitsgerichten zu etwa 30 000 Prozessen wegen Streitigkeiten zwischen Arbeitnehmer bzw. Zeugnisempfänger auf der einen und Ex-Arbeitgeber bzw. Zeugnisaussteller auf der anderen Seite.

Die Konkurrenzsituation auf dem Arbeitsmarkt erhöht die Bedeutung eines guten Zeugnisses für den geglückten Um- oder Aufstieg. Arbeitszeugnisse dürfen in den Bewerbungsunterlagen auf keinen Fall fehlen. Kopien reichen aus, man akzeptiert sie durchaus unbeglaubigt.

Die Typen von Arbeitszeugnissen können sich beispielsweise nach dem Zeitpunkt bzw. Anlass ihrer Erstellung sowie nach ihrem Inhalt unterscheiden.

Unter inhaltlichen Gesichtspunkten gibt es das „einfache" und das „qualifizierte" Arbeitszeugnis, unter zeitlichem Aspekt das „vorläufige", „endgültige" und das „Zwischenzeugnis". In Abhängigkeit von der Art des Beschäftigungsverhältnisses werden das Berufsausbildungs-, das Praktikums- oder das Nebenjobzeugnis ausgestellt.

---

* Wenn im Folgenden überwiegend die männliche Form verwendet wird, dann wirklich ausschließlich, um den Lesefluss zu erleichtern.

Typen von Arbeitszeugnissen
- das einfache Zeugnis
- das qualifizierte Zeugnis
- das Zwischenzeugnis
- das Berufsausbildungszeugnis und
- das Praktikums-, Ferien-, Aushilfs- und Nebenjobzeugnis

Das einfache Zeugnis

Es enthält Angaben zu ...
- Person (Name etc., s. u.),
- Art der Beschäftigung,
- Dauer des Beschäftigungsverhältnisses,
- Beendigungsgründen und -modalitäten.

Das einfache Zeugnis ist typisch für weniger qualifizierte bzw. kurzfristig ausgeübte Tätigkeiten und enthält keinerlei bewertende Aussagen über Leistung und Führung des Mitarbeiters. Dennoch reicht die bloße Berufsbezeichnung nicht aus (z. B. Verkäuferin, kaufmännischer Angestellter etc.). Der konkrete Tätigkeitsbereich (z. B. Verkäuferin in der Herrenschuhabteilung, kaufmännischer Angestellter im Schreibwaren-Groß- und Einzelhandel mit dem Schwerpunktbereich Schulbedarfsartikel) muss aufgeführt werden.

Bei der Dauer des Beschäftigungsverhältnisses ist der rechtliche und nicht der tatsächliche Zeitraum zu berücksichtigen. Das bedeutet, dass ein Arbeitsvertragsverhältnis z. B. am 1. Januar (auch wenn das ein Feiertag war) beginnt und zum Quartalsende am 31. Dezember endet, auch wenn die letzten 14 Tage eventuell Urlaub gewesen sind.

Das qualifizierte Zeugnis

Das qualifizierte Zeugnis ist der gängigste Zeugnistyp und eine deutlich erweiterte Version des eben beschriebenen einfachen Zeugnisses. Es enthält zusätzlich zu den Informationen über Art und Dauer des Beschäftigungsverhältnisses eine Beschreibung und Beurteilung der Leistung und Führung des Arbeitnehmers während der gesamten Dauer.

Erstaunlich, aber juristisch gesehen korrekt: Ein qualifiziertes Zeugnis sollte nur auf ausdrücklichen Wunsch des Arbeitnehmers erteilt werden. Ein nicht gewünschtes qualifiziertes Zeugnis darf der Arbeitnehmer zurückweisen. Er kann aber in diesem Falle zusätzlich ein einfaches Zeugnis verlangen. Gleichwohl: Einfache Zeugnisse machen Arbeitgeber heutzutage eher misstrauisch, denn Standard bei den Bewerbungsunterlagen ist nun einmal das qualifizierte Zeugnis.

Das qualifizierte Zeugnis sollte der Gesamtpersönlichkeit des Arbeitnehmers Rechnung tragen und diese würdigen. Dabei geht es um:
- die Beurteilung der Fähigkeiten,
- die erbrachten Leistungen des Arbeitnehmers,
- insbesondere seine Belastbarkeit, Initiative und Bereitschaft zum Engagement
- sowie das Verhalten gegenüber Vorgesetzten, Kollegen und Mitarbeitern (evtl. ergänzt um das Führungsverhalten).

Hierbei wird dem Arbeitgeber ein Beurteilungsspielraum zugestanden, mit der gleichzeitigen Verpflichtung, zwei Geboten gerecht zu werden: der Zeugniswahrheit und dem Prinzip der wohlwollenden Beurteilung.
Oberster und erster Grundsatz für die Zeugnisformulierung ist die Wahrheit der Beurteilung (Bundesarbeitsgericht, Urteil vom 23.6.1960, 5 AZR 560/58). Das bedeutet, dass nur Tatsachen, aber keine Behauptungen, Annahmen oder Verdachtsmomente angeführt werden dürfen. Zweitens ist der wohlwollende Maßstab eines ver-

ständnisvollen Arbeitgebers zugrunde zu legen, der dem Arbeitnehmer das berufliche Fortkommen nicht ungerechtfertigt erschweren darf (Bundesgerichtshof, Urteil vom 26.11.1963, VI ZR 221/62).

Die Forderung nach wohlwollender Beurteilung bei gleichzeitiger Wahrheitspflicht bedeutet unter Umständen einen gewissen Konflikt und hat in der heute gängigen Praxis dazu geführt, qualifizierte Zeugnisse in der Regel positiv zu formulieren, Negatives wegfallen zu lassen und massive Probleme eher zu verklausulieren.

Wichtige Elemente im qualifizierten Zeugnis

- Das Zeugnis muss – generell – auf Geschäftspapier mit vollständiger Adresse des Arbeitgebers geschrieben sein.
- Die Überschrift (z. B. „Arbeitszeugnis", „Vorläufiges Zeugnis", „Zwischenzeugnis", „Berufsausbildungszeugnis", s. u.)
- Die persönlichen Daten des Beurteilten: Vor- und Zuname (heute eher unüblich: der Geburtsname); Geburtsdatum (seltener: auch der Ort); selbstverständlich: akademische Grade bzw. Doktortitel; ggf. Adelsprädikate
- Die genaue Beschäftigungsdauer (der Eintrittstermin wird in der Regel am Anfang des Zeugnisses erwähnt, der Austrittszeitpunkt wird immer häufiger aus den Formulierungen des Textendes ersichtlich, kann aber auch traditionell mit den Worten „war von ... bis ... tätig" am Zeugnisanfang stehen).
- Die Tätigkeitsbeschreibung (chronologische Reihenfolge bei verschiedenen Tätigkeiten und Positionen)
- Fertigkeiten, (Spezial-)Kenntnisse und Erfahrungen (bei evtl. unterschiedlichen Tätigkeits- und Einsatzbereichen) sowie die Beurteilung der Leistung des Arbeitnehmers (insbesondere Stärken und Erfolge)
- Evtl. Teilnahme an Fortbildungsmaßnahmen
- Beurteilung der Führung und des Sozialverhaltens (Umgang mit Vorgesetzten, Kollegen und evtl. Dritten, aber auch Aspekte wie Loyalität und Vertrauenswürdigkeit)
- Evtl. Beurteilung der Mitarbeiter-Führungskompetenz
- Gründe zur Auflösung des Arbeitsverhältnisses (optional)
- Schlussformel (Bedauern über Ausscheiden, Dank für Geleiste-

tes, gute Wünsche für die Zukunft – seit 2010 nicht mehr verpflichtend, sondern optional, s. S. 18)
> Ausstellungsort und -datum des Zeugnisses (in unmittelbarer zeitlicher Nähe zum Austrittsdatum) sowie Unterschrift (wichtig: Dienstgrad und/oder Funktion des Ausstellers)

Das Zwischenzeugnis

Wenn auch der Anspruch auf ein Zwischenzeugnis gesetzlich nicht so eindeutig geregelt ist wie beim Endzeugnis (insbesondere beim qualifizierten), so wird doch in der Praxis akzeptiert, dass der Arbeitnehmer bei berechtigtem Interesse ein Zwischenzeugnis beantragen kann.

Obwohl das Arbeitsverhältnis (zzt.) weiter besteht, können Anlässe dafür sein:

> Kündigungsvorhaben des Arbeitnehmers bzw. in Aussicht stehende Beendigung des Arbeitsverhältnisses (z. B. befristeter Arbeitsvertrag oder drohender Konkurs des Unternehmens)
> Spezielle Fortbildungs- und Aufstiegsvorhaben oder -wünsche
> Wechsel von Arbeitsplatz, Verantwortungsbereich und/oder Vorgesetztem
> Wenn das normale Beschäftigungsverhältnis auf absehbare Zeit unterbrochen wird (z. B. Schwangerschaft, Wahl zum Betriebsrat, Einberufung zum Wehr-/Zivildienst, Übernahme eines politischen Mandats usw.)

Nicht selten trifft man bei Arbeitnehmern, die ein Zwischenzeugnis wünschen, auf die Motive, entweder lediglich den eigenen Marktwert zu testen, eine Gehaltserhöhung durchzusetzen oder sogar in einer Art Drohgebärde den Arbeitgeber darauf aufmerksam zu machen, dass eine Aufkündigung der Mitarbeit potenziell anstehen könnte.

In allen einschlägigen Fachbüchern wird vor einem solchen Verhalten immer wieder gewarnt, denn nicht nur die Arbeitsatmosphäre kann reichlich belastet werden. Im schlimmsten Fall kündigt der Arbeitgeber – mit dem Recht auf seiner Seite – sogar dem Arbeitnehmer, weil er formaljuristisch gesehen mit der Bitte nach einem Zwischenzeugnis aus den zuletzt angeführten Motiven einen sogenannten Abkehrwillen dokumentiert.

> **Tipp**
> Wer wirklich vorhat, seinen Arbeitsplatz zu wechseln, tut gut daran, es Vorgesetzte und Kollegen nicht vorzeitig merken, geschweige denn wissen zu lassen. Ein neuer Arbeitgeber weiß sehr wohl, dass ein Bewerber in ungekündigter Position deshalb in der Regel kein Zwischenzeugnis vorweisen kann.

Andererseits ist bei der richtigen Gelegenheit (s. o.!) jedem Arbeitnehmer zu empfehlen, sich ein Zwischenzeugnis ausstellen zu lassen. Es wird in der Regel positiv ausfallen und einen guten Status quo schaffen, denn der Arbeitgeber will seinen Arbeitnehmer natürlich nicht demotivieren, sondern ihn durch ein freundlich-wohlwollendes, lobendes Zwischenzeugnis eher anspornen.

Sollte der Arbeitgeber später anlässlich der Auflösung des Arbeitsverhältnisses eine andere Beurteilung geben wollen, ist er mit einem lobenden Zwischenzeugnis relativ stark gebunden und kann nicht plötzlich in der Endbeurteilung einen ganz anderen Tenor wählen.

Das Berufsausbildungszeugnis

Alle Auszubildenden haben einen Anspruch auf ein Berufsausbildungszeugnis (auch dann, wenn sie die Abschlussprüfung nicht absolviert oder nicht bestanden haben). Auch hier gibt es einfache bzw. qualifizierte Zeugnisse, aber auch die Möglichkeit eines Zwischenzeugnisses.

Inhaltlich geht es vor allem um die erworbenen Kenntnisse und Fähigkeiten, aber auch um die Beurteilung von Leistungs- und Verhaltensmerkmalen (z. B. Lernfähigkeit, Auffassungsgabe, Engagement, Arbeitsquantität und -qualität, Sozialverhalten und Teamfähigkeit). Die durchlaufenen Ausbildungsbereiche sollten ebenso Erwähnung finden wie Ort und Art der erfolgreich abgelegten Abschlussprüfungen.

Das Praktikums-, Ferien-, Aushilfs- und Nebenjobzeugnis
Ob eine oder acht Wochen – auch kurzfristige Tätigkeiten, egal aus welchem Anlass, sind eine gute Möglichkeit, um mittels eines Zeugnisses zu dokumentieren, wie man sich in der Arbeitswelt behauptet hat. Gerade für Schüler bzw. Studenten ist diese Art Zeugnis ein erstes Dokument zur Bewährung in dem, was den „Ernst des Lebens" ausmacht. Zur Länge: Eine halbe Seite reicht aus. Zum Inhalt: grundsätzlich wie bei anderen qualifizierten Zeugnissen.

Ihr Recht auf ein angemessenes Arbeitszeugnis

Die gesetzlichen Grundlagen für den Anspruch auf ein Arbeitszeugnis ergeben sich aus verschiedenen Paragrafen des Bürgerlichen Gesetzbuches (BGB), des Handelsgesetzbuches (HGB), der Gewerbeordnung (GewO), des Berufsbildungsgesetzes (BBiG) sowie aus Tarifverträgen. Hier wird auch deutlich, dass jeder Arbeitnehmer, der unselbstständig beschäftigt und damit wirtschaftlich von seinem Arbeitgeber abhängig ist, Anspruch auf ein Arbeitszeugnis hat. Generell kann man sagen:

> **Tipp**
> Der Arbeitgeber ist gegenüber dem Arbeitnehmer gemäß § 630 BGB verpflichtet, nach Beendigung des Arbeitsverhältnisses ein Zeugnis auszustellen – allerdings nur dann, wenn der Arbeitnehmer dies ausdrücklich verlangt. Es handelt sich somit – juristisch gesprochen – um eine „Holschuld" und nicht um eine „Bringschuld".

Der Arbeitgeber hat dabei kein Recht, das Arbeitszeugnis zurückzuhalten (z. B. mit der Begründung, Arbeitsgeräte und -kleidung seien noch nicht zurückgegeben worden etc.).

Bei Leiharbeitern ist der „Verleiher" der eigentliche Arbeitgeber und nicht der „Entleiher", also nicht der Betrieb, bei dem es zum Arbeitseinsatz kommt und der die Qualität der Arbeit an sich besser beurteilen könnte. Freie Mitarbeiter sowie Handelsvertreter haben einen eingeschränkten Anspruch auf ein Arbeitszeugnis, der sich aus ihrem besonderen Vertragsverhältnis ableitet.

Mitarbeiter im öffentlichen Dienst haben nach den Vorschriften des TVöD, dem Tarifvertrag des öffentlichen Dienstes (früher Bundesangestelltentarifvertrags, BAT), ebenfalls Anspruch auf ein Zeugnis. Bei Beamten heißt das Arbeitszeugnis Dienstzeugnis. Bei Rechtsstreitigkeiten ist allerdings bei Beamten nicht das Arbeits-, sondern das Verwaltungsgericht (nach vorangegangenem Widerspruchsverfahren) zuständig.

Wer stellt das Arbeitszeugnis aus?

Der Arbeitgeber bzw. Dienstherr ist dazu verpflichtet, dem Arbeitnehmer auf begründeten Antrag hin ein Zeugnis auszustellen. Die Anlässe dafür sind das Arbeitsende bzw. Gründe, wie sie schon im Abschnitt über das Zwischenzeugnis (S. 12) beschrieben wurden. In größeren Unternehmen ist die Personalabteilung dafür zuständig, in kleinen der Inhaber.

Entscheidender Punkt bei der Erstellung eines Arbeitszeugnisses ist neben den inhaltlichen Kriterien die Frage, wer das Zeugnis unterschreibt und dafür als Aussteller oder eventuell als Ansprechpartner Verantwortung übernimmt.

Ein gleichberechtigter Mitarbeiter, ein Kollege oder die Schreibkraft aus dem Lohnbüro kommen als Unterzeichner nicht infrage. Das Arbeitszeugnis muss immer von einem ranghöheren Mitarbeiter unterschrieben werden. Wichtig zu wissen: Als Arbeitnehmer hat man keinen Anspruch darauf, dass der Chef persönlich unterschreibt. (Ausnahme: Er ist der einzige Ranghöhere.)

Im öffentlichen Dienst ist der Behördenleiter bzw. sein Stellvertreter, möglicherweise auch die Personalabteilung für die Ausstellung des Arbeitszeugnisses zuständig. Vorstellbar sind auch zwei Unterschriften unter Ihrem Arbeitszeugnis, wobei eine von Ihrem direkten Fachvorgesetzten sein darf.

Da der geschulte Blick eines potenziellen neuen Arbeitgebers bei der Zeugnisanalyse garantiert zur Kenntnis nimmt, wer Ihr Zeugnis unterschrieben hat, sollten Sie unbedingt verlangen, dass nicht irgendjemand, sondern möglichst der Geschäftsführer, Direktor, Personalchef, Prokurist, Abteilungsleiter oder gegebenenfalls wenigstens ein Meister unterschreibt.

Tipp

Je ranghöher die unterzeichnende Person ist, desto mehr Wertschätzung und Glaubwürdigkeit wird durch das Zeugnis belegt.

Damit der Rang des Unterzeichnenden auch für den Leser deutlich wird, sollte unter der getippten Wiederholung seines Namens auch dessen Titel und Funktion stehen.

Auf keinen Fall ist eine Übertragung der Zeugnisausstellung an eine dritte Person zulässig, die gar nicht zum Unternehmen gehört (z. B. nach einer arbeitsrechtlichen Auseinandersetzung an den Anwalt).

Wann ist das Zeugnis fällig?

Unabhängig davon, ob es sich um eine ordentliche, fristgerechte oder eine außerordentliche und damit fristlose Kündigung handelt, und egal, ob sie von Arbeitgeber- oder Arbeitnehmerseite ausgeht: Mit der tatsächlichen Beendigung des Arbeitsverhältnisses hat der Arbeitnehmer ein Recht auf ein einfaches bzw. (besser!) auf ein qualifiziertes Arbeitszeugnis. Bei längeren Kündigungsfristen – während der Arbeitnehmer noch weiter beschäftigt, aber bereits auf Arbeitsplatzsuche ist – besteht der berechtigte Anspruch auf ein vorläufiges Arbeitszeugnis. Dieses bindet den Arbeitgeber weitestgehend bei der Formulierung des endgültigen Zeugnisses, es sei denn, in der Zwischenzeit sind nachweislich gravierende Dinge vorgefallen, die mit Recht Eingang in das endgültige Arbeitszeugnis finden müssen.

Wann verjährt der Zeugnisanspruch?

Je nach Branche ist die Verjährungsfrist unterschiedlich bemessen. In der Alltagsrealität empfiehlt es sich, nicht so lange zu warten, sondern das Zeugnis so rasch wie möglich zu erbitten und diesen Anspruch gegebenenfalls juristisch durchzusetzen. Wer hier nachlässig ist, geht bereits nach drei Monaten ein unkalkulierbares Risiko ein. Am besten also gleichzeitig mit der Kündigungserklärung um die schnelle Ausfertigung eines qualifizierten Zeugnisses bitten. Sollten Sie damit keinen Erfolg haben, müssen Sie wohl oder übel akzeptieren, dass man Ihnen zunächst nur ein vorläufiges Zeugnis ausstellt, das aber in seiner hoffentlich positiven Beurteilung die letzten Arbeitswochen oder -monate, die oftmals nicht unproblematisch verlaufen (Stichwort Enttäuschungen), „beeinflusst".

Was gibt es Neues, worauf ist jetzt zu achten?

Bis fast gegen Ende der ersten Dekade des neuen Jahrtausends galt noch eindeutig: Ein Arbeitnehmer hat Anspruch auf Dank, Bedauern und gute Zukunftswünsche am Ende seines Arbeitszeugnisses, wenn nicht ein harter Trennungsgrund („Rausschmiss!") vorliegt. Seit etwa 2010 ist man arbeitsgerichtlicherseits dazu übergegangen, den bisher wichtigen End-Passus des Arbeitszeugnisses „freizugeben" und ins Ermessen der Aussteller zu legen, wie sie die letzten Zeilen textlich gestalten oder eben nicht gestalten möchten („beredtes Schweigen" im Fachjargon, ein deutliches Zeichen von Missbilligung).

Nochmals im Klartext: Es muss dem ausscheidenden Arbeitnehmer nicht mehr gedankt und sein Ausscheiden bedauert werden. Und wenn doch, dann geschieht es eher freiwillig und ist vielleicht besonders positiv zu werten. Oder das Zeugnis ist Gegenstand einer gerichtlichen Verhandlung gewesen und die Gestaltung des End-Passus wurde gleichsam als Kompensation mit aufgenommen.

Juristische Experten werten diesen neuen Trend als deutlich arbeitgeberfreundliches Entgegenkommen. Dem Arbeitgeber wird hier ein neuer Beurteilungsspielraum gewährt, ihm wird höchst richterlich zugestanden in Wortwahl und Satzbau grundsätzlich frei zu sein, solange die Zeugnisinhalte gleichermaßen wahr wie klar sind. Dass dies sehr schwierig umzusetzen ist, liegt auf der Hand und dass dieser Spielraum schwer zu überprüfen ist, ebenso. Ergo, immer klarer wird: Arbeitszeugnisse sind keine Wünsch-Dir-was-Veranstaltung und Verhalten und Umgang miteinander in der Trennungsphase gewinnen an Bedeutung. Also Vorsicht!

Die Begründung der Auflösung/Trennung war noch nie zwingend vorgeschrieben, wurde jedoch meistens aufgenommen. Jetzt ist auch die Bedauerns-, Dank- und Gute-Wünsche-Formel nicht mehr vorgeschrieben. Das ermöglicht dem Aussteller weitere Botschaften zuungunsten des Empfängers. Nur gut, dass die Neuregelung sich bisher noch nicht sehr weit rumgesprochen hat.

Wie ein ordentliches Arbeitszeugnis aussehen sollte

Aufbau eines qualifizierten Zeugnisses

Sinn und Zweck des qualifizierten Zeugnisses ist es, zu bescheinigen, in welcher Qualität der Arbeitnehmer die ihm gestellten Aufgaben bewältigt hat und wie sein Verhalten aus Arbeitgebersicht insgesamt beurteilt wird.

Zu den gängigen Zeugniskomponenten und -inhalten im Einzelnen:

Überschrift
- Zeugnis/Arbeitszeugnis/Dienstzeugnis/Zwischenzeugnis/Ausbildungszeugnis/Praktikumszeugnis

Einleitung
- Angaben zu Person, Beruf und Beschäftigungsdauer

Positions-, Aufgaben- und Tätigkeitsbeschreibung
- Tätigkeitsmerkmale/Kompetenzen/Verantwortung
- Berufliche Entwicklung innerhalb des Unternehmens

Leistungsbeurteilung
- Arbeitsbereitschaft
- Arbeitsbefähigung (Belastbarkeit/intellektuelle Fähigkeiten/Fachkenntnisse/Weiterbildung)
- Arbeitsweise
- Arbeitserfolg (Arbeitsmenge, -tempo, -qualität)
- Besondere Arbeitserfolge
- Fachwissen/Weiterbildungsmotivation
- Ggf. Mitarbeiterführungskompetenz (Abteilungs-, Gruppenleistung; Mitarbeiterzufriedenheit)
- Zusammenfassende Beurteilung der Leistung (Zufriedenheitsaussage)

(Wichtig: Nicht alle Leistungsbeurteilungsunterpunkte müssen im Zeugnis ausführlich behandelt werden.)

Verhaltensbeurteilung
- Gegenüber Vorgesetzten / Kollegen / Dritten
- Weitere persönliche und soziale Verhaltensaspekte
- Zusammenfassende Verhaltensbeurteilung

Abschluss (optional, je nach Wunsch des Empfängers)
- Gründe für die Beendigung des Arbeitsverhältnisses (auf wessen Initiative? besondere Umstände)

Bedauerns-Dankes-Formel (nur noch optional, kein Muss)
- Evtl. Verständnis / Empfehlung / Wiedereinstellungsaussage

Zukunftswünsche (nur noch optional, kein Muss)

Ausstellungsort, -datum und Unterschrift(en)
- Name des Ausstellers (auch maschinenschriftlich wiederholt), mit Hinweis auf dessen Position, Rechtsstellung (z. B. Prokura)

Diese Reihenfolge der Zeugniskomponenten ist eigentlich verbindlich, eine Umstellung (z. B. Verhaltens- vor Leistungsbeurteilung) könnte bereits eine Negativbewertung signalisieren.

Wichtige formale Standards
- Zeugnis auf Firmenpapier, fehlerlos getippt
- Das Datum des Zeugnisses sollte möglichst dicht am Austrittsdatum liegen, besser identisch mit diesem sein.
- Mindestumfang eine Seite, besser eineinhalb bis zwei Seiten
- Unterschrift von einem deutlich ranghöheren Mitarbeiter bzw. einem Mitglied der Firmenleitung

---

Auf den folgenden Seiten noch einmal optisch verdeutlicht, was die wichtigen Abteilungen (Gliedmaßen) eines AZ sind:

Aufbau eines Arbeitszeugnisses (1. Darstellungsvariante)
Überschrift
Einleitung
Angaben zu Person, Beruf und Beschäftigungsdauer
Positions-, Aufgaben- und Tätigkeitsbeschreibung
Tätigkeitsmerkmale / Kompetenzen / Verantwortung
ggf. berufliche Entwicklung innerhalb des Unternehmens
Leistungsbeurteilung
Arbeitsbereitschaft: Identifikation, Engagement,
Initiative, Pflichtbewusstsein
Arbeitsbefähigung: Ausdauer, Belastbarkeit, Flexibilität, Denk- und
Urteilsvermögen
Arbeitsweise: Selbstständigkeit, Zuverlässigkeit,
Eigenverantwortung, Sorgfalt, Planung
Arbeitserfolg: Qualität, Quantität, Tempo, Verwertbarkeit,
Produktivität, Termintreue
ggf. besondere Arbeitserfolge
ggf. Fachwissen / Weiterbildungsmotivation
ggf. Führungsfähigkeiten gegenüber Mitarbeitern
Gesamtzufriedenheitsaussage zur Leistung
Verhaltensbeurteilung
gegenüber Vorgesetzten / Kollegen / Dritten (z. B. Klienten)
weitere persönliche und soziale Verhaltensaspekte
Gesamtzufriedenheitsaussage zum Verhalten
Abschluss
Gründe für die Beendigung des Arbeitsverhältnisses, wenn der
Empfänger dies möchte
Bedauerns-, Dankes-, Zukunfts-Formel (wenn der Aussteller möchte)
Verständnis / Empfehlung / Wiedereinstellungsaussage
Bedauern und / oder Dank
Zukunftswünsche
Ausstellungsort, -datum und Unterschrift(en)

**Aufbau eines Arbeitszeugnisses
(2. Darstellungsvariante, Stichwort Körper!)**
Überschrift (= Haare)
Einleitung (= Kopf)
  Angaben zu Person, Beruf und Beschäftigungsdauer
Positions-, Aufgaben- und Tätigkeitsbeschreibung (= Körper)
  Tätigkeitsmerkmale / Kompetenzen / Verantwortung
  Berufliche Entwicklung innerhalb des Unternehmens
Leistungsbeurteilung (= die wichtigsten inneren Organe)
  Arbeitsbereitschaft: Identifikation, Engagement, Initiative, Pflichtbewusstsein
  Arbeitsbefähigung: Ausdauer, Belastbarkeit, Flexibilität, Denk- und Urteilsvermögen
  Arbeitsweise: Selbstständigkeit, Zuverlässigkeit, Eigenverantwortung, Sorgfalt, Planung
  Arbeitserfolg: Qualität, Quantität, Tempo, Verwertbarkeit, Produktivität, Termintreue
  ggf. besondere Arbeitserfolge
  ggf. Fachwissen / Weiterbildungsmotivation
  ggf. Führungsfähigkeiten gegenüber Mitarbeitern
  Gesamtzufriedenheitsaussage
Verhaltensbeurteilung (= Bauch)
  gegenüber Vorgesetzten / Kollegen / Dritten (z. B. Klienten)
  weitere persönliche und soziale Verhaltensaspekte
  Gesamtzufriedenheitsaussage
Abschluss (= die Beine und damit das Standing, alles optional)
  Gründe für die Beendigung des Arbeitsverhältnisses
  Bedauerns-, Dankes-, Zukunfts-Formel: Verständnis / Empfehlung / Wiedereinstellungsaussage / Bedauern und / oder Dank und Zukunftswünsche
Ausstellungsort, -datum und Unterschrift(en) (= Füße)

Inhaltliches zur Leistungsbeurteilung

Das sind die wichtigsten Punkte
- Arbeitsbereitschaft
- Arbeitsbefähigung
- Arbeitsweise
- Arbeitserfolg (Arbeitsmenge, -tempo und -qualität)
- ggf. besondere Arbeitserfolge
- ggf. Fachwissen/Weiterbildungsmotivation
- ggf. Führungsverhalten gegenüber Mitarbeitern
- Zusammenfassende Beurteilung der Leistung

Arbeitsbereitschaft/Motivation
- Identifikation, Engagement, Initiative
- Dynamik, Elan, Pflichtbewusstsein
- Zielstrebigkeit, Energie, Fleiß
- Interesse, Einsatzwille, Mehrarbeit

Arbeitsbefähigung/Können
- Ausdauer, Belastbarkeit, Flexibilität
- Stressstabilität, positives Denken
- Auffassungsgabe, Konzentration
- Denk- und Urteilsvermögen, Kreativität
- Organisationstalent

Arbeitsweise
- Selbstständigkeit, Zuverlässigkeit
- Eigenverantwortung, Sorgfalt
- Gewissenhaftigkeit, Planung
- Systematik, Methode, Sicherheit
- Sauberkeit, Hygiene

Arbeitserfolg (Arbeitsmenge, -tempo und -qualität)
- Qualität, Quantität, Tempo, Umsatz
- Verwertbarkeit, Intensität, Rendite

- › Produktivität, Termintreue
- › Zielerreichung, Sollerfüllung

ggf. besondere Arbeitserfolge
hier kann frei getextet werden

Fachwissen / Weiterbildungsmotivation
- › Inhalte, Aktualität, Umfang, Tiefe
- › Anwendung, Nutzen
- › Eigeninitiative, berufsbegleitend
- › Zertifikate, Bildungserfolg

....

Wie Sie sicherlich wissen, ist der Arbeitgeber arbeitsrechtlich gehalten, seinem Arbeitnehmer kein negatives Zeugnis auszustellen. Dies hat zur Folge, dass alle Formulierungen zwar positiv klingen, sich aber eine Art Geheimsprache entwickelt hat, die in chiffrierter Form signalisiert, was wirklich gut und was schlecht war.

Beispiele

1. Herr / Frau XY hat die ihm / ihr übertragenen Arbeiten stets und ganz zu unserer vollsten Zufriedenheit erledigt.
2. Herr / Frau Z zeigte für seine / ihre Arbeit Verständnis und war mit Interesse bei der Sache. Dabei bemühte er / sie sich immer, allen Anforderungen gerecht zu werden.

Während die erste Formulierung für XY ein wirklich dickes Lob beinhaltet (sehr gute Leistungen), ist die zweite Beurteilung für Z eine Bankrottbescheinigung. Der Text sagt eigentlich: Hier handelt es sich um einen faulen, nichts leistenden Versager.

Folgende klassische Standardformulierungen haben sich in der Zeugnispraxis durchgesetzt und werden deshalb von den meisten Lesern, selbst wenn sie nicht Profis auf diesem Gebiet sind, identifiziert:

Gesamt-Leistungszufriedenheitsaussagen im Überblick

Herr/Frau XY hat die ihm/ihr übertragenen Aufgaben ...
> stets zu unserer vollsten Zufriedenheit erledigt (1)
> stets zu unserer vollen Zufriedenheit erledigt (1-2)
> zu unserer vollsten Zufriedenheit erledigt (2)
> zu unserer vollen Zufriedenheit erledigt (3)
> zu unserer Zufriedenheit erledigt (4)
> im Großen und Ganzen zur Zufriedenheit erledigt (4-5)
> hat sich bemüht, die ihm/ihr übertragenen Aufgaben zur Zufriedenheit zu erledigen (5-)

Wir können neben den seit Jahrzehnten eingesetzten, klassischen **Gesamt-Leistungszufriedenheitsaussagen** noch die modernen und die sogenannten Klartextaussagen unterscheiden, die wir Ihnen weiter unten vorstellen.

Aber in der Praxis kommen auch hiervon deutlich abweichende Formulierungen vor. Bisweilen beinhalten sie eine besonders kritische Bewertung der erbrachten Gesamtleistung. Und manchmal wird die Gesamtzufriedenheitsaussage auch ganz weggelassen. Dies hat dann eine negative Bedeutung. Besonders knifflig: Obwohl der Arbeitgeber eine sehr positive Gesamtzufriedenheitsaussage trifft, steht diese im klaren Gegensatz zur vorangegangenen Beurteilung einzelner Aspekte. In diesem Fall wird der Fachmann/die Fachfrau die Gesamtaussage als juristischen Trick erkennen und nur den kritischen Tönen Glauben schenken.

Hier noch einmal eine Kurzübersicht zur gängigen Zufriedenheitsskala mit auch etwas abweichenden Formulierungen:

absolut sehr gut:	stets* zu unserer vollsten Zufriedenheit
	jederzeit* zu unserer absoluten Zufriedenheit
wirklich gut:	stets zu unserer vollen Zufriedenheit
	immer* zu unserer besten Zufriedenheit
noch ziemlich gut:	zu unserer vollsten Zufriedenheit (ohne Temporaladverb)
	zu unserer besten Zufriedenheit
eher knapp befriedigend:	zu unserer vollen Zufriedenheit
	zu unserer ganzen Zufriedenheit
kaum noch ausreichend:	zu unserer Zufriedenheit
absolut mangelhaft:	im Allgemeinen zu unserer Zufriedenheit

* Egal ob „stets", „jederzeit" oder „immer" gewählt wird, es kommt auf die adverbiale Bestimmung der Zeit an, wobei diese Standardadverbien in der hier aufgeführten Reihenfolge (stets, jederzeit, immer) am häufigsten vorkommen!

Jetzt im Vergleich die modernen Varianten

Statt sehr gut bzw. stets zu unserer vollsten Zufriedenheit:
… die Leistungen haben unseren Erwartungen und Anforderungen stets in jeder Hinsicht und in allerbester Weise entsprochen

Statt gut bzw. stets zu unserer vollen Zufriedenheit:
… die Leistungen haben unsere Erwartungen und Anforderungen stets voll erfüllt

Und auf der nächsten Seite nochmals der Versuch einer Systematisierung: Leistungsbeurteilungen (Gesamt-Zufriedenheitsaussagen) im Überblick …

Ohne: klassische Version
*   : moderne Version
**   : Klartext

Sehr gute Leistungen werden mit folgenden Formulierungen beschrieben:

... hat die ihm/ihr übertragenen Aufgaben stets zu unserer vollsten Zufriedenheit erledigt.

... wir waren immer mit seinen/ihren Leistungen in jeder Hinsicht außerordentlich zufrieden.

... seine/ihre Leistungen haben in jeder Hinsicht unsere vollste/besondere Anerkennung gefunden.

... hat unsere(n) Erwartungen (und Anforderungen) stets in jeder Hinsicht und in allerbester Weise entsprochen/erfüllt.*

... seine/ihre Leistungen haben uns jederzeit bestens/absolut zufriedengestellt.**

Gute bis sehr gute Leistungen:

... hat die ihm/ihr übertragenen Arbeiten zu unserer vollsten Zufriedenheit erledigt.

... hat unseren Erwartungen in allerbester Weise entsprochen.

... seine/ihre Leistungen haben in jeder Hinsicht unsere volle/besondere Anerkennung gefunden.*

... hat unsere ganzen Erwartungen und alle Anforderungen stets voll erfüllt.*

... seine/ihre Leistungen haben uns bestens/absolut zufriedengestellt.**

... wir waren mit seinen/ihren Leistungen jederzeit sehr zufrieden.**

Gute Leistungen:

... hat die ihm/ihr übertragenen Arbeiten stets zu unserer vollen Zufriedenheit erledigt.

... wir waren mit seinen/ihren Leistungen voll und ganz zufrieden.

… seine/ihre Leistungen haben unsere volle Anerkennung gefunden.

… mit den Arbeitsergebnissen waren wir jederzeit vollauf zufrieden.

… hat unseren Erwartungen in jeder Hinsicht und in bester Weise entsprochen.*

… hat unsere Erwartungen und Anforderungen stets voll erfüllt.*

… wir waren mit seinen/ihren Leistungen sehr zufrieden.**

… seine/ihre Leistungen haben uns stets gut zufriedengestellt.**

Befriedigende (aber doch nur noch durchschnittliche) Leistungen:

… hat die ihm/ihr übertragenen Arbeiten zu unserer vollen Zufriedenheit erledigt.

… hat die ihm/ihr übertragenen Arbeiten stets zu unserer Zufriedenheit erledigt.

… wir waren mit seinen/ihren Leistungen voll/jederzeit zufrieden.**

… hat unseren Erwartungen in jeder Hinsicht entsprochen.

… hat unseren Erwartungen voll entsprochen.

… seine/ihre Leistungen haben uns gut zufriedengestellt.**

Ausreichende (eigentlich schlechte) Leistungen:

… hat die ihm/ihr übertragenen Arbeiten zu unserer Zufriedenheit erledigt.

… wir waren mit seinen/ihren Leistungen zufrieden.

… hat unseren Erwartungen entsprochen.

Mangelhafte (absolut schlechte) Leistungen:

… hat die ihm/ihr übertragenen Arbeiten im Großen und Ganzen zu unserer Zufriedenheit erledigt.

… haben seine/ihre Leistungen weitestgehend unseren Erwartungen entsprochen.

Unzureichende (katastrophale) Leistungen:
… hat sich bemüht, die ihm/ihr übertragenen Aufgaben zu unserer Zufriedenheit zu erledigen.
… er/sie hat sich bemüht, unseren Erwartungen/Anforderungen zu entsprechen.

....

Geheimsprache Arbeitszeugnis

Nun hat es sich herumgesprochen, dass Arbeitszeugnisse die Leistung des Arbeitnehmers in einer Art Geheimsprache zu beurteilen versuchen – was übrigens für Verwirrung sorgt.
Jedoch kennt nicht jeder Chef (z. B. eines kleineren Unternehmens) die entsprechenden Formulierungen dieser Geheimsprache, und nicht jeder kann deshalb Zeugnistexte richtig interpretieren. Natürlich weiß dieser unbedarfte Chef nicht, wenn er selbst ein Zeugnis ausstellen muss, was er damit dem nächsten Arbeitgeber – vielleicht völlig unbeabsichtigt – über den Bewerber mitteilt.

Beispiele
Dabei kommt es besonders auf die „kleinen", beinahe unscheinbaren Worte an: Die Beschreibung von Zufriedenheit im Arbeitszeugnis ohne weitere Zusätze attestiert lediglich ausreichende Leistungen. Im Zusammenhang mit dem Adjektiv „voll" oder besser noch „vollst" – einer sprachlichen Steigerung, die grammatikalisch bedenklich ist – werden qualifizierte, also bessere Leistungen attestiert. Wichtig: Damit es wirklich „gut" bzw. „sehr gut" bedeutet, bedarf es der Zusätze „stets", „jederzeit" bzw. der Kombination „jederzeit und in jeder Hinsicht".
Die Formulierung „… wir bescheinigen Herrn/Frau XY, dass wir mit seinen/ihren Leistungen zufrieden waren …" oder „… Herr/Frau XY hat zufriedenstellend gearbeitet …", sind Urteile, die in ihrer Schlichtheit knapp die Untergrenze des Akzeptablen beschreiben, also vielleicht gerade noch ein „Ausreichend" darstellen.

Heißt es aber: „Herr/Frau XY erledigte die ihm/ihr übertragenen Arbeiten im Großen und Ganzen zu unserer Zufriedenheit ..." oder „... Herr/Frau XY wurde den ihm/ihr übertragenen vielseitigen Aufgaben im Wesentlichen gerecht ..." oder „... die Leistungen von Herrn/Frau XY entsprachen weitestgehend unseren Erwartungen ...", werden damit mangelhafte bis unzureichende Arbeitsleistungen attestiert.

Die entsprechenden Negativ-Formulierungen stecken in den Zusätzen: „im Großen und Ganzen", „im Wesentlichen", „weitestgehend", „in etwa", „teilweise".

Noch Schlimmeres wird bescheinigt, wenn man zu Umschreibungen greift wie: „bemüht", „bestrebt" oder „willens". Auch die Formulierung „... hatte Gelegenheit, die gestellten Aufgaben zu unserer Zufriedenheit zu erledigen ..." oder „... zeigte für seine/ihre Arbeit Verständnis ..." enthalten im Klartext eine krasse Abwertung der Arbeitsleistung, also herbe Rügen.

Aussagen über Ihre Führung, wie z. B. vorbildliches Verhalten, aufgeschlossenes Wesen, Hilfsbereitschaft, sind mit zeitlichem Zusatz wie „jederzeit" oder „in jeder Hinsicht" positiv.

Wird aber formuliert: „... wir können Herrn/Frau XY bestätigen, dass sein/ihr Verhalten gegenüber Kollegen und Kunden einwandfrei war ..." oder „... wir bestätigen, dass das persönliche Verhalten von Herrn/Frau XY einwandfrei war ..." (alternativ: „... es gab zu Beanstandungen keinen Anlass ..."), ist das eine negative Bewertung. Im ersten Beispiel steckt der kritische Hinweis auf Fehlverhalten in der Tatsache, dass nichts über das Verhalten gegenüber dem Vorgesetzten gesagt wird. Gemeint ist: Achtung – hier gab/gibt es Probleme. Auch sind die beiden letzten Formulierungen betont knapp (insbesondere durch den ausdrücklichen Hinweis „wir bestätigen"), sodass diese die denkbar schlechteste Benotung bedeuten.

Selbst dabei kann es noch Steigerungsformen geben, z. B. durch den Hinweis „... war im Wesentlichen ..." bzw. „... gab selten zu Beanstandungen Anlass ..."

Arbeitgeber können ihre Unzufriedenheit auch in einer Art „beredtem Schweigen" und durch die Kunst des Weglassens zum Ausdruck bringen: „... Herr/Frau XY war fleißig und ehrlich ... Darüber hinaus verfügt Herr/Frau XY über ein bemerkenswertes Bildungsniveau, das ihn/sie stets zu einem interessanten Gesprächspartner machte. Seine/ihre Kolleginnen und Kollegen schätzten ihn/sie insbesondere wegen seiner/ihrer mannigfachen Fähigkeiten und seines/ihres humorvollen Wesens. Auch in schwierigen Situationen kam Herrn/Frau XY seine/ihre stets freundliche Gelassenheit zugute ..."
Diese vermeintlich wohlwollend-lobend klingenden Aussagen eines Arbeitszeugnisses sind in Wahrheit ein Faustschlag ins Gesicht. Es fängt damit an, dass die – falls überhaupt aufgeführt – eigentlich nur als Trias zu verwendende Beschreibung Ehrlichkeit, Pünktlichkeit und Fleiß hier eine böse Lücke aufweist und damit grobe Unpünktlichkeit und Unzuverlässigkeit signalisiert. In einer übergeordneten Position dürften diese Beschreibungskriterien übrigens überhaupt nicht auftauchen, weil sie schlicht beschreibungsunwürdig sind, es sei denn, man möchte jemandem schaden.
Die Formulierung „interessanter Gesprächspartner" bedeutet in der Interpretation Geschwätzigkeit, das humorvolle Wesen: unangenehmer Witzbold, und die bescheinigte „freundliche Gelassenheit in schwierigen Situationen" heißt so viel wie: Der Beurteilte leistete passiven Widerstand.

Folgendes wird auf Arbeitgeber- und Auswählerseite an Ihrem Arbeitszeugnis analysiert: Zunächst geht es um den formalen Rahmen, um Angaben über Art und Inhalt Ihrer Tätigkeit, Leistung und Führung, Einschätzung Ihres Arbeitserfolges, eine Bewertung Ihres interpersonellen betrieblichen Verhaltens, Kündigungs- bzw. Ausscheidungsgrund sowie den Gesamteindruck, der sich aus verschiedenen Aspekten zusammensetzt.
Für die Interpretation Ihres Arbeitszeugnisses wird berücksichtigt, wie etwas gesagt bzw. nicht gesagt, d.h. weggelassen wird. Da – wie schon betont – nach dem Gesetz Arbeitszeugnisse einerseits vom Arbeitgeber für den Arbeitnehmer wohlwollend zu formulieren sind,

um sein weiteres berufliches Fortkommen nicht unnötig zu erschweren, andererseits aber auch die Aussagen der Wahrheit entsprechen müssen, hat sich eine bestimmte Zeugnis-Codesprache entwickelt, deren Inhalte nun wirklich ganz anders klingen, als sie gemeint sind.

Die nachfolgende Übersicht gibt einen weiteren kurzen Einblick in die Interpretation von Standardformulierungen:

> **Standardformulierungen und ihre wirklichen Bedeutungen**
>
> „... erledigte alle Arbeiten mit großem Fleiß und Interesse ..."
> = Eifer ja, aber kein Erfolg
>
> „... hat alle übertragenen Arbeiten ordnungsgemäß erledigt ..."
> = ein Bürokrat ohne Eigeninitiative
>
> „... war tüchtig und wusste sich gut zu verkaufen ..."
> = ein unangenehmer Mitarbeiter und Zeitgenosse
>
> „... war wegen seiner Pünktlichkeit stets ein gutes Vorbild ..."
> = eine totale Niete
>
> „... lernten wir als umgänglichen Kollegen kennen ..."
> = man sah ihn lieber von hinten als von vorn
>
> „... trug durch seine Geselligkeit zur Verbesserung des Betriebsklimas bei ..."
> = Vorsicht, Alkoholiker!
>
> „... bewies stets Einfühlungsvermögen für die Belange der Belegschaft ..."
> = Vorsicht, sucht Sexkontakte bei Mitarbeiterinnen!
>
> „... bewies ein umfassendes Einfühlungsvermögen für die Belegschaft ..."
> = ist homosexuell veranlagt
>
> „... galt im Kollegenkreis als toleranter Mitarbeiter ..."
> = für seine Vorgesetzten ein harter Brocken

Zu guter Letzt sind Abschlussformulierungen und sogar das Datum von Bedeutung. Ein Zeugnisdatum, das z. B. sechs Monate nach dem realen Austrittsdatum liegt, könnte als Zeichen dafür gewertet werden, dass es zwischen Arbeitnehmer und Arbeitgeber juristische Auseinandersetzungen, zumindest aber Schwierigkeiten gegeben hat, die zu einer Verzögerung und deshalb also zu diesem späten Ausstellungsdatum des Zeugnisses geführt haben.

Es muss abermals betont werden, dass nicht jeder Chef die Codierungs- und Dechiffrierungskunst beherrscht. Damit gibt es einen gewissen Spielraum für Missverständnisse. Darüber hinaus kann der Arbeitnehmer in Absprache mit dem Arbeitgeber deutlichen Einfluss auf die Formulierungen des Zeugnisses nehmen. Manche Chefs versuchen übrigens, ihre „überflüssigen" oder ungeliebten Mitarbeiter durch ein besonders gutes Zeugnis loszuwerden, sprich „wegzuloben". Papier ist geduldig.

Verschlüsselungstechniken beim Zeugnis

- Wichtige und notwendige Zeugnisinhalte fehlen bzw. werden bewusst weggelassen (Stichwort „beredtes Schweigen").
- Selbstverständliches wird über Gebühr betont.
- Entwertungen werden durch die Reihenfolge signalisiert, indem Unwichtiges vor Wichtigem rangiert.
- Einschränkungen räumlicher oder zeitlicher Art bringen eine Geringschätzung zum Ausdruck.
- Mehrdeutigkeiten werden bewusst eingesetzt, um negative Vorkommnisse oder Eigenschaften anzudeuten.
- Die häufige Verwendung der Passivform soll auf mangelnde Aktivität und Eigeninitiative aufmerksam machen.
- Der Einsatz des Stilmittels Verneinung bedeutet in der Regel das Gegenteil des Gesagten.
- Die kurze, knappe Würdigung oder Abhandlung einzelner inhaltlicher Punkte dokumentiert eine Geringschätzung.
- Fast karikierende Übertreibung und Ironie sind deutliche Warnsignale in Richtung fehlender Wertschätzung bzw. Entwertung des gesamten Zeugnisses.

Checkliste Arbeitszeugnis

1. Formales
- [ ] Ist Ihr Zeugnis auf Firmenpapier fehlerfrei getippt, und enthält es formal richtig Ihre persönlichen und arbeitsbezogenen Daten? Ist das Zeugnis von einer bei Ihrem Arbeitgeber hierarchisch klar über Ihnen stehenden Person mit Vertretungsvollmacht unterschrieben worden und nicht später als maximal sechs Wochen nach Ausscheiden aus dem Unternehmen datiert?
- [ ] Können Sie Merkwürdigkeiten in Richtung Kenn- bzw. Geheimzeichen entdecken (Punkte, Striche etc.)?

2. Tätigkeitsbeschreibung
- [ ] Sind Art und Inhalt Ihrer Tätigkeit ausführlich geschildert, sodass sich ein Dritter ein zutreffendes Bild von Ihren Arbeitsaufgaben machen kann?
- [ ] Stimmen Stellen- und Tätigkeitsbeschreibung inhaltlich überein?
- [ ] Sind besonders qualifizierende Tätigkeiten entsprechend detailliert dargestellt, werden Selbstständigkeit und Eigenverantwortlichkeit angemessen betont?
- [ ] Ist Ihre Teilnahme an betrieblichen Fort- und Weiterbildungsveranstaltungen erwähnt worden?
- [ ] Wichtig: Wirkt die Aufgaben- und Tätigkeitsbeschreibung angemessen, entsprechend Ihrer Beschäftigungszeit, oder ist sie eher knapp und lieblos?
- [ ] Nicht akzeptabel: wenn Ihre Tätigkeitsbeschreibung Formulierungen enthält, die man als Abwertung interpretieren könnte, die mehrdeutig auszulegen sind, die eher Selbstverständlichkeiten oder Nebensächlichkeiten in den Vordergrund stellen und ausführlich beschreiben.

3. Leistungs- und Führungsbeurteilung

- [ ] Findet beides im Text Erwähnung, und wie wird beurteilt? Welche Leistungen, Verhaltensweisen oder Eigenschaften finden besondere, lobende Erwähnung?
- [ ] Welcher Grad der Zufriedenheit mit Ihrer Arbeitsleistung wird formuliert?
- [ ] Achtung: Was wird weggelassen, welche Nebensächlichkeiten werden in den Vordergrund gerückt?
- [ ] Werden Kenntnisse und Können, Arbeitsweise und Arbeitsstil beschrieben und bewertet?
- [ ] Attestiert man Ihnen und Ihrer Arbeit auch entsprechenden Erfolg?
- [ ] Wie verhalten sich Einzelbeurteilungen zur Gesamtbewertung?
- [ ] Achtung: Gibt es Aussagen, die Einschränkungen wie z. B. „im Großen und Ganzen", „im Allgemeinen", „im Wesentlichen" enthalten?
- [ ] Werden berufsrelevante Eigenschaften stillschweigend übergangen bzw. nicht gelobt?
- [ ] Gibt es doppeldeutige Aussagen, die Ihr Verhalten zu Vorgesetzten, Kollegen, Untergebenen, Kunden, Kooperationspartnern beschreiben?
- [ ] Oder wird Ihr Verhalten bestimmten Personengruppen gegenüber besonders betont, während andere weggelassen werden?
- [ ] Attestiert man Ihnen Personalkompetenz, d. h. den richtigen Umgang mit Mitarbeitern, für die Sie verantwortlich sind?
- [ ] Was sagt Ihr Zeugnis über Ihre Fähigkeit aus, andere Menschen zu führen?
- [ ] Wie beurteilt man Ihre Verantwortungs- und Delegationsbereitschaft?
- [ ] Welche Aussagen gibt es über Ihre Fähigkeit, Ihre Mitarbeiter zu motivieren?
- [ ] Welche Formulierungen beziehen sich auf Ihre organisatorischen Fähigkeiten?

- [ ] Welche Aussage beschreibt Ihr Informationsverhalten gegenüber Vorgesetzten und Mitarbeitern?

4. Auflösungsgrund
- [ ] Steht in Ihrem Zeugnis, dass Sie auf eigenen Wunsch gekündigt haben?
- [ ] Bedauert das Unternehmen Ihr Ausscheiden?
- [ ] Dankt man Ihnen für die geleistete Arbeit?
- [ ] Spricht man Ihnen gute Wünsche für die Zukunft aus?

5. Gesamteindruck
- [ ] In welchem Tenor ist Ihr Zeugnis geschrieben (wohlwollend und warm, kühl, kurz, knapp, verkomplizierend, lange und schwer nachzuvollziehende Sätze, Floskeln bzw. allgemeine Redewendungen oder präzise, klare Formulierungen)?
- [ ] Stimmen Orthografie und Interpunktion?
- [ ] Entdecken Sie Ausrufezeichen (dürften in Arbeitszeugnissen nicht vorkommen)?
- [ ] Bitten Sie rechtzeitig um Ihr Arbeitszeugnis und machen Sie, wann immer es geht, von der Möglichkeit Gebrauch, wichtige Punkte Ihres Arbeitszeugnisses selbst vorzuschlagen. Lassen Sie Ihr Arbeitszeugnis auch von anderen gegenlesen und informieren Sie sich im Zweifelsfalle bei einem Profi, wie er Ihr Zeugnis ehrlich (ungeschminkt) einschätzt.
- [ ] Versuchen Sie bei Differenzen, eine gütliche Einigung über den Inhalt des Zeugnisses herbeizuführen. Wenn nötig, können Sie Ihr Arbeitszeugnis vor dem Arbeitsgericht mit guter Aussicht auf Erfolg ganz entscheidend verbessern.
- [ ] Wichtigster Hinweis aber: Erbitten Sie bei einer günstigen Gelegenheit (wenn die Zeiten gut sind) ein Zwischenzeugnis. Dieses sicherlich positive Zwischenzeugnis kann dann zu einem späteren Zeitpunkt (z. B. ein halbes oder ein Jahr später) für Sie sehr wichtig sein, falls Sie (aus welchem Grund auch immer) beim Verlassen der Firma ein ungerechtfertigt schlechtes Arbeitszeugnis bekommen (z. B. aus Rache).

Auf den Punkt gebracht

Wir hoffen, Sie können sich den Aufbau eines Arbeitszeugnisses jetzt besser vorstellen. Wir zeigten Ihnen mehrere Darstellungsvarianten des Aufbaus und erklärten, was die wichtigsten Themen sind, die Bausteine aus denen ein Zeugnis zu bestehen hat, worauf es dabei im Detail ankommt und was die entscheidenden Weichensteller sind. Wir erläuterten die Hauptbestandteile eines Arbeitszeugnisses und deren genaue Bezeichnung. Hinzu kamen die wichtigsten Stichworte, die beschreiben, worum es im Einzelnen bei Ihrer Leistungsbeschreibung gehen kann. Aber Achtung: Nicht jeder Punkt, den wir angeführt haben, muss in Ihrer Leistungsbeurteilung berücksichtigt bzw. ausführlich beschrieben werden. Nach der Beschreibung der Leistungen kommt die zusammenfassende Beurteilung der Leistung, anschließend die Verhaltensbeurteilung. Es folgt der wichtige letzte Absatz und Schluss (Trennungsgründe, Bedauerns-, Dankes-, und Zukunftswünsche-Formel). Ort und Datum sowie die Unterschrift(en) bilden den Abschluss.

Wenn Sie wissen wollen, an welchem Schema Profis sich orientieren, um ganz schnell, innerhalb einer Minute, ein Arbeitszeugnis zu checken, dann ist diese Kurzübersicht hilfreich. Auf einen Blick – die wichtigsten Steuerungsmechanismen:

- ☐ Ihre Position / Aufgaben / Verantwortung
- ☐ Verweildauer

- ☐ Länge des Arbeitszeugnisses
- ☐ Ausführlichkeit: eine halbe oder bis zu 3 Seiten und mehr ...
- ☐ Mit oder ohne Substanz?
- ☐ Mit einigen Leistungs-Beurteilungspunkten oder mit allen?

- ☐ Ausscheide- bzw. Beendigungsgrund / Formulierung
- ☐ Abschlussformulierung

- [ ] Beendigungsformel
- [ ] Bedauern
- [ ] Dank
- [ ] Zukunftswünsche
- [ ] Datum
- [ ] Unterschrift

Bei jedem Arbeitszeugnis stellt sich die Frage, ob es wirklich in dem Sinne geschrieben wurde, wie es der Leser jetzt liest und interpretiert, und ob sowohl die Schreib- als auch die Les- und Interpretationsart gerechtfertigt ist. Mit anderen Worten: Meint der Zeugnisschreiber, was er schreibt, und schreibt er, was er meint? Alles in allem eine wirklich diffizile Materie. Und schon unsere Schulzeugnisse sollten uns eigentlich gelehrt haben, dass Papier nicht nur geduldig ist, sondern auch alle Beurteilung relativ und subjektiv.

Deshalb kann vor einer Selbstüberschätzung im Erstellen und Interpretieren von Zeugnissen nur gewarnt werden. Es liegt nicht nur an der einzelnen Formulierung, ob das Arbeitszeugnis positiv oder negativ wirkt, sondern vielmehr am Gesamteindruck, der sich dem geschulten Leser vermittelt.

So wird es diesen z. B. nicht sonderlich beeindrucken, zu lesen, welche positiven Leistungen ein Mitarbeiter erbracht hat, wenn am Ende des Zeugnisses sein selbst gewählter Fortgang nicht auch bedauert wird (sogenannte Widerspruchtechnik). Und auch die kurze Verweildauer (bis zu zwei Jahre) im Betrieb ist ein deutlicher Hinweis darauf, dass die „verantwortungsvolle Tätigkeit in höchst wichtigen Arbeitsbereichen" nicht viel mehr als heiße Luft ist.

Fazit: Kein Superzeugnis, aber auch möglichst kein zweifelhaftes, sondern schlicht ein gutes sollten Sie als Arbeitnehmer anstreben und bei dessen Erstellung auch mithelfen.

Zur besseren Orientierung folgt nun eine Gesamtübersicht über sämtliche Zeugnisbeispiele, die wir Ihnen im Anschluss präsentieren und kommentieren.

Übersicht über die Zeugnisbeispiele

Name des Beispiels Seitenzahl	Beruf	Berufsgruppen-zugehörigkeit: e = einfache m = mittlere bis gehobene f = Führungskräfte
Stefanie Meyer S. 53	Zahnarzthelferin	e
Daniel Preussag S. 57	Kfz-Mechatroniker	e
Christian Teichmüller S. 59	Pflegehelfer	e
Stefan Wechtmann S. 62	Schauwerbe-gestalter	e
Thomas Cassube S. 64	Produktions-mitarbeiter	e
Michael Urban S. 66	Glaser	e
Matthias Reiff S. 70	Maurer	e
Petra Conrad S. 72	Haushaltshilfe	e

Zeugnisart und Kennzeichnung, ob Vorher-/Nachher-Version	Ausscheidungsgrund bzw. Ausstellungsgrund; Z = Zeugnis K = Kündigung	Beschreibung/ Gesamtbeurteilung Z = Zeugnis V = Version
Arbeitszeugnis Vorher-/Nachher-Version	K auf eigenen Wunsch nach Elternzeit, um sich ganz der Familie zu widmen	1. V: zu minimalistisch; 2. V: nach Überarbeitung gut
Arbeitszeugnis	K durch Arbeitgeber wegen betriebsbedingter Einsparungen	kurz und knapp, ohne großen Glanz; gut bis befriedigend
Arbeitszeugnis	fristlose K durch Arbeitgeber (Kündigungsschutzklage?)	krummes Austrittsdatum, Zeugnisdatum halbes Jahr später; mangelhaft
Arbeitszeugnis	K auf eigenen Wunsch, um Design-Studium zu beginnen	trotz einiger Formfehler gut gemeintes Z
Arbeitszeugnis	K wegen Leistungsmangel aufgrund eines Alkoholproblems	absolut mangelhaft und unakzeptabel
Arbeitszeugnis Vorher-/Nacher-Version	K auf eigenen Wunsch	1. V: kurzes, uneindeutiges Z, das nicht klar einzuordnen ist; 2. V: eindeutig gutes Z
Arbeitszeugnis	fristlose K durch Arbeitgeber wegen Verhaltensproblemen (streitsüchtig?)	sehr minimalistisch; schlecht
Zwischenzeugnis	Z auf eigenen Wunsch, kein Grund genannt	sehr ausführlich; sehr gut bis auf Tippfehler

Übersicht über die Zeugnisbeispiele

Name des Beispiels Seitenzahl	Beruf	Berufsgruppen-zugehörigkeit: e = einfache m = mittlere bis gehobene f = Führungskräfte
Jörg Falkenthal S. 74	Automobil-verkäufer	m
Nicole Emmerich S. 78	Fremdsprachen-korrespondentin	m
Sebastian Tenner S. 80	Systemberater	m
Dr. Karsten Nitsch S. 83	Arzt (angehender Gynäkologe)	m
Jan Imhof S. 87	PR-Berater	m

Übersicht über die Zeugnisbeispiele

Zeugnisart und Kennzeichnung, ob Vorher-/Nachher-Version	Ausscheidungsgrund bzw. Ausstellungsgrund K = Kündigung	Beschreibung/ Gesamtbeurteilung Z = Zeugnis V = Version
Arbeitszeugnis Vorher-/Nachher-Version	**K** auf eigenen Wunsch, um sich finanziell zu verbessern	**1. V:** ambivalentes **Z**, das nicht klar einzuschätzen ist; Tätigkeitsbeschreibung zu kurz, aber Leistungsb. und Verhaltensb. gut; **2. V:** nach Verbesserung gutes **Z**
Arbeitszeugnis	**K** durch Arbeitgeber wegen betriebsbedingter Einsparungen	für 16-jährige Tätigkeit zu kurz und knapp, besonders Tätigkeitsbeschreibung verbessern, keine Entwicklung innerhalb d. Unternehmens, von der Bewertung her aber noch gut
Arbeitszeugnis	**K** auf eigenen Wunsch, um sich neuen berufl. Aufgaben zu stellen	ausführliches gutes bis sehr gutes **Z** mit kleinen stilistischen Mängeln
Arbeitszeugnis	auf eigenen Wunsch, wegen Wohnortwechsel	nicht normgerechtes **Z**, mit Curriculum anstelle sonstiger Tätigkeitsbeschreibung; insgesamt gut bis sehr gut
Arbeitszeugnis	**K** auf eigenen Wunsch, um sich selbstständig zu machen	unbefriedigendes **Z**, wegen des Aufbaus, Stils und der Wertschätzung

Name des Beispiels Seitenzahl	Beruf	Berufsgruppen-zugehörigkeit: e = einfache m = mittlere bis gehobene f = Führungskräfte
Martin Ohnesorg S. 89	Lektor	m
Julia Arndt S. 91	Stenotypistin/ Sekretärin	m
Lisa Knapp S. 98	Industriekauffrau	m
Laura Beier S. 100	Bauzeichnerin (Ausbildung)	m
Annika Schütze S. 103	Pharmazeutin (angehende)	m
Sarah Gruhlich S. 105	Kunsthistorikerin (angehende)	m

Zeugnisart und Kennzeichnung, ob Vorher-/Nachher-Version	Ausscheidungsgrund bzw. Ausstellungsgrund K = Kündigung	Beschreibung/ Gesamtbeurteilung Z = Zeugnis V = Version
Arbeitszeugnis	K auf eigenen Wunsch, wegen Wohnortwechsel	gutes Z mit eigenem Stil, kleine Verbesserungen empfehlenswert
Zwischenzeugnis Vorher-/Nachher-Version	K auf eigenen Wunsch, wegen Wechsel des Vorgesetzten ausgestellt	1. V: zu kurz, einige formale und stilistische Mängel; 2. V: nach Überarbeitung sehr gut
Ausbildungszeugnis	kein Grund genannt	unakzeptabel und mangelhaft, da viele Formfehler und schlechte Leistungsbeurteilung
Ausbildungszeugnis	K auf eigenen Wunsch, wegen Wohnortwechsel	sehr ausführliches Z mit allen Bestandteilen; sehr gut
Praktikumszeugnis	nach Beendigung des zeitlich festgelegten Praktikums ausgestellt	obwohl formal alle Bestandteile vorhanden, knapp befriedigend; dringend Überarbeitung nötig
Praktikumszeugnis	nach Beendigung der vereinbarten Zeit ausgestellt	für ein halbes Jahr Praktikumszeit sehr detailliert mit guter bis sehr guter Bewertung; Position des Unterzeichnenden fehlt allerdings

Name des Beispiels Seitenzahl	Beruf	Berufsgruppenzugehörigkeit: e = einfache m = mittlere bis gehobene f = Führungskräfte
Katrin Henkel S. 107	Trainee Marketing Dipl.-Betriebswirtin	m
Andreas Milinski S. 109	Stellvertr. Leiter d. Fachabt. f. Brandschutz und Öffentliche Sicherheit im Amt Leverkusen	f
Tanja Paulich-Ehrhardt S. 115	Verkaufsleiterin Außendienst	f
Melanie Seidel S. 118	Leiterin Stadtbibliothek Bremerhaven	f
Anja Jentsch S. 125	Niederlassungsleiterin einer Versandagentur	f

Zeugnisart und Kennzeichnung, ob Vorher-/Nachher-Version	Ausscheidungsgrund bzw. Ausstellungsgrund K = Kündigung	Beschreibung/ Gesamtbeurteilung Z = Zeugnis V = Version
Traineezeugnis	nach Beendigung des zeitlich festgelegten Programms ausgestellt	ambivalentes **Z**, das überarbeitet werden muss, damit es insgesamt als gut angesehen werden kann
Arbeitszeugnis Vorher-/Nachher-Version	**K** auf eigenen Wunsch, um sich beruflich zu verbessern	**1. V:** zu kurz, erhebliche stilistische und formale Mängel; **2. V:** sehr gutes und vorbildliches **Z**
Arbeitszeugnis	**K** in gegenseitigem Einvernehmen, krummes Austrittsdatum	mangelhaftes, inakzeptables **Z**; ist vollständig zu überarbeiten, wenn nicht durch Einigung, dann durch Klage vor dem Arbeitsgericht
Arbeitszeugnis Vorher-/Nachher-Version	trennt sich aus eigenem Entschluss = möglicherweise vom Arbeitgeber geforderte Eigenkündigung	rundum unbefriedigendes **Z**, das nicht der Kompetenz einer Führungskraft entspricht; zu lange, undifferenzierte Tätigkeitsbeschreibung, zu kurze Leistungsb., keine Zukunftswünsche, Ausscheidungsgrund?
Arbeitszeugnis	**K** auf eigenen Wunsch, um im Ausland Erfahrungen zu sammeln	trotz guter Ansätze und guter Bewertungen nicht zu akzeptieren, da einige formale und stilistische Mängel

Name des Beispiels Seitenzahl	Beruf	Berufsgruppen- zugehörigkeit: e = einfache m = mittlere bis gehobene f = Führungskräfte
Frank Wiesner S. 127	Personalleiter	f
Dr. Claudia Unger S. 130	Leiterin des Forschungsreferates und des Präsidialamtes an einer Universität	f
Olaf Döhler S. 133	Kurdirektor der Stadt Bad Salzuflen	f
Torsten Richter S. 139	Leiter Qualitätssicherung	f

Zeugnisart und Kennzeichnung, ob Vorher-/Nachher-Version	Ausscheidungsgrund bzw. Ausstellungsgrund K = Kündigung	Beschreibung/ Gesamtbeurteilung Z = Zeugnis V = Version
Arbeitszeugnis	**K** seitens des Arbeitnehmers, um sich beruflich zu verändern	sehr gutes **Z** mit viel Lob und Wertschätzung
Arbeitszeugnis	**K** auf eigenen Wunsch, um sich neuen beruflichen Aufgaben zu stellen	im Ansatz gutes, ordentliches **Z** mit einigen zu verbessernden Aspekten
Arbeitszeugnis Vorher-/Nachher-Version	**K** auf eigenen Wunsch, ohne Nennung eines weiteren Grundes	**1. V:** äußerst unbefriedigendes, mangelhaftes **Z**; Grund: Spannungen im Verhältnis zwischen Arbeitgeber und -nehmer oder wirklich schlechte Leistungen des Arbeitnehmers? **2. V:** ordentliches, vorzeigbares **Z**; kurze Verweildauer in der Position wirkt jedoch nicht positiv
Zwischenzeugnis	wegen neuer Tätigkeit in anderem Werk des Unternehmens	kurzes **Z** ohne Schnörkel, Bewertung: gut bis befriedigend; durch kleine Änderungen zu verbessern

Übersicht über die Zeugnisbeispiele

Kommentierte
Zeugnisbeispiele

Darauf kommt es wirklich an!

Die nun folgenden 28 Zeugnisse gliedern sich in drei Kategorien (einfache, mittlere bis gehobene und Führungspositionen). Sie werden zum Teil in einer Vorher- und (verbesserten) Nachher-Version präsentiert. Alle Arbeitszeugnisse sind ausführlich kommentiert, sodass Sie an praktischen Beispielen aus dem Berufsalltag Zeugnis für Zeugnis lernen, worauf es beim Text wirklich ankommt – sei es, dass Sie Ihr Arbeitszeugnis selbst verfassen müssen oder wollen, sei es, dass Sie ein vom Arbeitgeber ausgestelltes Zeugnis überprüfen möchten.

Die differenzierte Übersicht der exemplarischen Beispiele (s. S. 40 ff.) erleichtert die Orientierung und das Auffinden speziell für Sie interessanter Zeugnisse.

Eine wichtige Hilfe für die Formulierung von Arbeitszeugnissen wie auch für deren Überprüfung und „Übersetzung" bieten die im dann folgenden Kapitel gelieferten Textbausteine. Dabei beschränkt sich dieses Buch auf die Beurteilungsnoten „sehr gute" Beurteilung, „noch gute" Beurteilung und „knapp befriedigende" Beurteilung.

ZEUGNIS

Frau
Stefanie Meyer
Veddeler Bogen 35
20539 Hamburg

Frau Stefanie Meyer, geb. am 15.2.1987, war in der Zeit vom 1. April 2008 bis zum 31. März 2015 als Zahnarzthelferin in meiner Praxis beschäftigt.

Zu ihren Aufgaben zählten im Wesentlichen:

- die Assistenz am Stuhl
- Erstellen und Abrechnen von HUK-Plänen
- der Empfang der Patienten
- die Abrechnung

Frau Meyer war ehrlich und immer pünktlich. Ferner arbeitete sie stets sehr fleißig und zuverlässig.

Die Patienten schätzten ihre zuvorkommende und hilfsbereite Art.

Hamburg, 15. Juli 2015

P. Walles

Kommentar zur 1. Version

Insgesamt ist das Zeugnis viel zu kurz und nicht der Norm entsprechend. Formale Fehler: Die Anschrift wird heute nicht mehr angegeben, um nicht eventuellen Vorurteilen bezüglich bestimmter Wohnorte und -viertel Vorschub zu leisten. Das Datum ist auf den 31. März zu ändern. Der Name des Ausstellers sollte in getippter Form wiederholt werden.

Der Aufgabenbereich muss detaillierter beschrieben werden, ebenso ist die Reihenfolge der Tätigkeiten zu ändern, denn auch die Rangfolge der einzelnen Aspekte in der Aufgabenbeschreibung erfordert Beachtung. Das Wichtigste innerhalb der Aufzählung ist grundsätzlich am Anfang zu nennen. Weniger wichtige Aufgaben dürfen erst am Schluss aufgelistet sein. Die Leistungsbeurteilung erscheint viel zu dürftig. Es gibt keine Aussagen über Motivation, Fachwissen, Weiterbildung, und vor allem die zusammenfassende Leistungsbeurteilung fehlt.

Die Verhaltensbeurteilung ist vollkommen unzureichend. Sie enthält keine Äußerung über das Verhalten gegenüber Chef und Kollegen. Einziges Plus: Die Patienten werden benannt. Diese Personengruppe ist wichtig, jedoch ohne Erwähnung der Vorgesetzten und Kollegen bleibt diese Aussage ohne Wirkung.

Der Abschluss fehlt, d. h. Gründe für das Ausscheiden. Es wäre besser, wenn sie genannt werden, damit es keinen Anlass zu Spekulationen gibt. Eine Bedauerns-Dankes-Formel kommt auch nicht vor.

> **Einschätzung**
> Ein vollkommen unzureichendes und mangelhaftes Zeugnis, das dringend zu überarbeiten ist. In dieser Form wäre es ein großer Stolperstein, wenn es um zukünftige Bewerbungen geht.

Vergleichen Sie die erste Version mit der überarbeiteten Fassung auf der folgenden Seite.

ARBEITSZEUGNIS

Frau Stefanie Meyer, geb. am 15.2.1987, war in der Zeit vom 1. April 2008 bis zum 31. März 2015 als Zahnarzthelferin in meiner Praxis beschäftigt.

Zu ihren Aufgaben gehörten folgende Tätigkeiten:
- die Betreuung und der Empfang der Patienten
- Führung des Patiententerminbuches
- die Assistenz am Behandlungsstuhl
- Erstellung und Abrechnung von Heil- und Kostenplänen
- die Quartalsabrechnung für die Krankenkassen
- die Erstellung von Privatliquidationen

In den sieben Jahren ihrer Tätigkeit habe ich Frau Meyer als eine sehr ehrliche und stets pünktliche Mitarbeiterin kennen- und schätzen gelernt. Sie führte ihre Arbeiten stets mit großem Engagement, Fleiß und unbedingter Zuverlässigkeit aus. Ferner erledigte sie ihre Aufgaben auch sehr ordentlich, zügig und gewissenhaft und wusste ihr Fachwissen immer erfolgreich einzubringen.

Frau Meyers Leistungen waren stets sehr gut.

Sie war wegen ihres freundlichen und kollegialen Umgangs bei ihren Vorgesetzten und Kollegen gleichermaßen sehr beliebt. Gegenüber den Patienten war sie ebenfalls jederzeit hilfsbereit und zuvorkommend.

Frau Meyer hat das Beschäftigungsverhältnis fristgemäß auf eigenen Wunsch gelöst, um sich mit Ablauf der Elternzeit ganz der Familie zu widmen. Ich bedauere ihr Ausscheiden aus unserem Praxisbetrieb sehr und wünsche Frau Meyer auf ihrem weiteren Berufs- und Lebensweg alles Gute, viel Glück und Erfolg.

Hamburg, 31. März 2015

P. Waller

Dr. Peter Waller

Kommentar zur 2. Version

Nach der Überarbeitung ist das Zeugnis in dieser 2. Version der Norm entsprechend. Die formalen Fehler sind beseitigt und die Länge ist jetzt angemessen.

Der Aufgabenbereich wird detaillierter beschrieben. Die Leistungsbeurteilung ist in dieser Version ausführlicher, alle notwendigen Bestandteile werden aufgeführt (es fehlen nur Aussagen zur Weiterbildung, die es eventuell aber auch nicht gab).

Die zusammenfassende Leistungsbeurteilung folgt am Schluss. Sie ist deutlich abgehoben durch einen eigenen Absatz.

Die Verhaltensbeurteilung ist nun vollständig und gut. Die Gründe für das Ausscheiden werden in dieser Version genau beschrieben.

Eine gute Dankes-Bedauerns-Formel sowie Zukunftswünsche sind jetzt enthalten.

Einschätzung

Nach professioneller und positiver Überarbeitung ein gutes Zeugnis und für die weitere berufliche Laufbahn der Kandidatin sehr hilfreich.

Zeugnis

Hannover, 30.4.2015

Herr Daniel Preussag, geb. am 26. 9. 1993, erlernte in unserem Hause vom 1.9.2008 bis zum 29.2.2012 den Beruf des Kfz-Mechatronikers. Über diese Tätigkeit wurde ihm ein gesondertes Zeugnis ausgestellt. Nach erfolgreichem Abschluss seiner Ausbildung wurde er ab dem 1.3.2012 in der Reparaturabteilung unseres Tochterunternehmens in Minden eingesetzt. Hier hatte er alle in der Autoelektrik anfallenden Arbeiten auszuführen. Es handelte sich vorwiegend um Personenkraftwagen der verschiedensten Fabrikate – besonders der Marken VW und BMW. Ab und zu waren auch Lastkraftwagen und landwirtschaftliche Nutzfahrzeuge zu reparieren.

Herr Preussag hat sich sehr schnell und selbstständig in sein Aufgabengebiet eingearbeitet. Er war äußerst stark motiviert, arbeitete stets sehr effizient, routiniert und zielstrebig. Seine Aufgaben erledigte Herr Preussag immer zu unserer vollen Zufriedenheit.

Sein Verhalten gegenüber Vorgesetzten und Kollegen war einwandfrei.

Wegen erheblicher betriebsbedingter Einsparungen mussten wir das Arbeitsverhältnis zum 30.4.2015 leider auflösen.

Wir bedauern diese Entscheidung sehr und wünschen diesem vorbildlichen Mitarbeiter beruflich und persönlich alles Gute.

N. Heinrich GmbH & Co. KG

y. Müller

Personalbüro

Kommentar

Recht kurzes, knappes Zeugnis, das aber alle wichtigen Komponenten enthält. Wegen relativ kurzer Betriebszugehörigkeit ist die Kürze jedoch noch zu entschuldigen und in Ordnung.

Die Tätigkeitsbeschreibung ist von den Formulierungen her nicht optimal für den Zeugnisempfänger ausgefallen: „wurde eingesetzt", „hatte auszuführen", „waren zu reparieren". Diese Art von Zuständigkeitsbeschreibungen anstelle der Beschreibung der vom Mitarbeiter aktiv durchgeführten Tätigkeiten wirkt eher passiv und könnten als Anspielung auf eine passive Arbeitshaltung des Bewerbers verstanden werden. Günstiger für Herrn Preussag wären die Formulierungen „war tätig", „führte aus" und „reparierte".

Die Bewertung fällt insgesamt aber ganz ordentlich aus: Note gut bis befriedigend.

Der Rang des Unterzeichners ist leider nicht klar definiert, und der Name ist nicht in getippter Form wiederholt. Der Kündigungsgrund ist klar und glaubhaft benannt. Ausstellungs- und Ausscheidungsdatum stimmen überein. Das unterstreicht den positiven Eindruck.

Einschätzung

Die passiven Formulierungen sollten ersetzt werden, ansonsten ein gutes, ordentliches Zeugnis ohne großen Glanz. Die Benotung liegt zwischen gut und befriedigend. Die oben genannten formalen Kriterien wären noch zu berücksichtigen und zu verbessern.

Bayreuth, 20.10.2015

ZEUGNIS

Herr Christian Teichmüller, geb. am 12.10.1991 in Mainz, wurde vom 1.3.2014 bis zum 19.4.2015 als Pflegehelfer in unserer Klinik beschäftigt.

Herr Teichmüller war auf einer Station für 30 querschnittsgelähmte Patienten eingesetzt. Ihm oblagen die grundpflegerische Versorgung sowie assistierende Tätigkeiten in der Behandlungspflege.

Herr Teichmüller hat der von uns geforderten Einsatzbereitschaft im Wesentlichen entsprochen. Er verfügt über entwicklungsfähige Kenntnisse in seinem Arbeitsbereich und hatte Gelegenheit, sich das erforderliche Wissen für die Tätigkeiten im Bereich der Krankenpflege anzueignen. Herr Teichmüller führte die ihm übertragenen Aufgaben zu unserer Zufriedenheit aus.

Durch seine ruhige Art erwarb er sich das Vertrauen der Mitarbeiter und Patienten. Sein persönliches Verhalten gegenüber seinen Vorgesetzten war in der Regel ohne Beanstandung.
Das Arbeitsverhältnis zwischen Herrn Teichmüller und unserer Klinik endet zum 19.4.2015. Wir können ihm unseren Dank für die immer vorhandene Arbeitsbereitschaft hier nicht versagen und wünschen ihm zukünftig wirklich alles nur erdenklich Gute.

Franz Zeisig Klinik

H. Schulze-Ludwig
Prof. Dr. H. Schulze-Ludwig
Chefarzt

Kommentar

Hier handelt es sich um ein sehr schlechtes Zeugnis mit einer anzunehmenden fristlosen Kündigung durch den Arbeitgeber, der vermutlich eine Kündigungsschutzklage gefolgt ist, denn das Austrittsdatum ist ein sogenanntes krummes Datum (nicht Monatsende bzw. -mitte). Außerdem ist die Ausstellung des Zeugnisses ein halbes Jahr später datiert, ein Grund mehr, hier größere Probleme oder gar heftigen Ärger zwischen den Parteien zu vermuten.

Die Negativbeurteilung beginnt bereits im ersten Satz durch die Passivformulierung „wurde beschäftigt". Nach der sehr kurzen Tätigkeitsbeschreibung folgt eine Leistungsbeurteilung, die wegen der Kürze und der gewählten Formulierungen als mangelhaft einzuschätzen ist. Aussagen wie „er hat der von uns geforderten Einsatzbereitschaft im Wesentlichen entsprochen" oder „er hatte die Gelegenheit, sich das erforderliche Wissen anzueignen" sind als sehr schlechte Beurteilungen einzustufen. Auch die zusammenfassende Leistungsbeurteilung am Schluss des Absatzes entspricht einer kaum noch ausreichenden Bewertung.

Ebenso ist die Verhaltensbeurteilung negativ. Zum einen durch die Reihenfolge, da das Verhalten gegenüber Vorgesetzten erst am Schluss erwähnt wird, und zum zweiten durch die Art der Beschreibung, denn die Formulierung „war in der Regel ohne Beanstandung" entspricht einem mangelhaften Verhalten. Wichtig ist immer die Einhaltung der Abfolge: das Verhalten gegenüber 1. Vorgesetzten, 2. Kollegen und 3. Dritten, z. B. Patienten, Kunden, Geschäftspartnern. In moderneren Arbeitszeugnisvarianten wird der „König Kunde" an die Spitze gesetzt. Dann folgen aber wieder Vorgesetzte, Kollegen und Mitarbeiter bzw. andere Personengruppen.

Das krumme Datum in der Ausscheidungsaussage lässt auf eine fristlose Kündigung schließen, und die Dankesformel und Zukunftswünsche beinhalten wieder eine mangelhafte Bewertung. Hier benutzt der Zeugnisaussteller das Stilmittel der ironischen Übertreibung „wirklich alles nur erdenklich Gute". Nach der veränderten Rechtslage (s. S. 18) hätte der Aussteller das Zeugnis auch ohne Bedauern, ohne jeden Dank und ohne Zukunftswünsche für den Beurteilten abschließen können. Auch das wäre als eindeutige Missbilligung zu interpretieren.

Der Unterzeichnende und die Position sind hier korrekt genannt.

Für den Gesamteindruck ist auffallend, dass das Zeugnis selbst stilistisch sehr unvorteilhaft ist. Die ersten drei Absätze beginnen alle mit „Herr (Christian) Teichmüller ..."

Einschätzung

Sehr schlechtes Zeugnis, das für zukünftige Bewerbungen absolut nicht förderlich ist. Der Arbeitgeber hat die Bewertung entsprechend den üblichen verklausulierten Formulierungen vorgenommen. Es wird dem Arbeitnehmer wohl kaum möglich sein, ein anderes, besseres Zeugnis zu erhalten, auch wenn keine Kündigungsschutzklage erfolgt ist. Falls der Kandidat kurz vor der Kündigung ein Zeugnis angefordert hat und es sich bei diesem um einen bereits geänderten Text handelt, hat er allerdings Anspruch auf das Ursprungsdatum, das in der Regel mit dem Austrittsdatum übereinstimmen sollte (maximal 1 bis 2 Tage darf das Ausstellungsdatum nach dem Austrittsdatum liegen).

Münster, 1. Juli 2015

Zeugnis

Herr Stefan Wechtmann, geboren am 20.12.1983, wohnhaft Bergstraße 45, 48143 Münster, war bei uns in der Zeit vom 1. Mai 2010 bis 30. Juni 2015 als Schauwerbegestalter für unsere Dekorationsabteilung beschäftigt.

Zu seinen Aufgaben gehörten das selbstständige Erstellen der Schaufensterdekorationen sowie die Mitarbeit bei der Gestaltung der Warenpräsentation in den Verkaufsräumen. Dazu gehörte auch die Beschaffung der Materialien und die Kontrolle der Kosten. Bei unseren Sonderveranstaltungen war Herr Wechtmann auch für den Entwurf und die Ausführung der Dekorationen zuständig.

Während seiner fünfjährigen Tätigkeit in unserem Hause zeigte Herr Wechtmann eine schnelle Auffassungsgabe und großes Engagement. Die Liebe zu seinem Beruf kommt in seinen Arbeitsergebnissen zum Ausdruck, die stets sehr überzeugend waren, da er seine gestalterischen und organisatorischen Fähigkeiten erfolgreich in seine Arbeit einbrachte. Er arbeitete sehr fleißig, ordentlich und zuverlässig und verfügt über ein sehr gutes und solides Fachwissen.

Die ihm übertragenen Arbeiten erledigte Herr Wechtmann stets zu unserer vollen Zufriedenheit.

Sein kollegiales Verhalten machte ihn bei Mitarbeitern und Vorgesetzten sehr beliebt.

Herr Wechtmann verlässt uns zum 30. Juni 2015 auf eigenen Wunsch, da er ein Design-Studium beginnen möchte. Wir danken für die stets gute Zusammenarbeit und bedauern sehr, Herrn Wechtmann zu verlieren, haben aber Verständnis für seine Entscheidung. Wir wünschen ihm für seinen weiteren Berufs- und Lebensweg alles Gute.

Thorsten Deichmann GmbH & Co. KG

– Ferdinand Berger –

Kommentar
Trotz einiger Formfehler, die unbedingt zu korrigieren sind, ist dies sicherlich ein positiv gemeintes Zeugnis. Die Länge ist gerade so angemessen. Die Tätigkeitsbeschreibung könnte jedoch bei fünf Jahren Beschäftigungszeit etwas ausführlicher ausfallen. Auch hier werden wieder eher Zuständigkeiten aufgeführt anstelle der Beschreibung aktiver Tätigkeiten. Das kann eventuell als Hinweis auf eine passive Arbeitshaltung gedeutet werden.

Folgende Formfehler sind zu beachten: Die Anschrift des Arbeitnehmers sollte nicht angegeben werden, das ist unzulässig und unprofessionell (s. auch das Beispiel von Stefanie Meyer). Kompetenz und Rang des Unterzeichnenden sind hier nicht genannt. Der Name des Unterzeichners darf nicht von Gedankenstrichen eingerahmt sein.

Die Leistungsbeurteilung ist in Ordnung. Aussagen über Weiterbildung und besondere Arbeitserfolge fehlen; vielleicht gab es diese aber auch nicht. Die zusammenfassende Leistungsbeurteilung entspricht der Note gut.

Achtung: Bei der Verhaltensbeurteilung werden die Mitarbeiter vor den Vorgesetzten genannt. Die Reihenfolge muss umgekehrt sein, da sonst signalisiert wird, dass hier etwas im Verhalten des Arbeitnehmers gegenüber Vorgesetzten nicht stimmt.

Ein glaubhafter Ausscheidegrund wird genannt und die Bedauerns-Dankes-Formel sehr positiv formuliert.

Einschätzung
Sicherlich „gut gemeintes" Zeugnis, das aber erst nach Beseitigung der formalen Fehler und nach einigen Ergänzungen sowie Umformulierungen in der Tätigkeitsbeschreibung und Leistungsbeurteilung als wirklich gut einzustufen ist. So, wie es jetzt ist, könnte der Zeugnisleser falsche Schlüsse ziehen. Trotzdem bleibt anzumerken: Nicht das einzelne Wort oder der einzelne Satz entscheidet, sondern immer der Gesamteindruck.

Zeugnis

Duisburg, 15.3.2015

Hiermit bescheinigen wir, dass Herr Thomas Cassube, geb. am 7. November 1967, am 1. April 2013 als Produktionsmitarbeiter in die Dienste unseres Unternehmens eintrat.

Herr Cassube arbeitete für unsere Abteilung Wohndachfenster. Hier oblag ihm die Aufgabe, Beschläge zu montieren, Überschläge zu fräsen und Dichtungen einzuziehen.

Herr Cassube arbeitete sich gut ein und erledigte zunächst alle Aufgaben zu unserer vollen Zufriedenheit. Er war fleißig und zuverlässig sowie im Allgemeinen pünktlich.

Seit Oktober 2014 blieb Herr Cassube wiederholt seinem Arbeitsplatz aufgrund eines Alkoholproblems fern.

Zu unserem Bedauern musste das Arbeitsverhältnis zum 28.2.2015 aufgelöst werden.

Steinfurth
Baustoffe GmbH

Werner Mühsam

Kommentar
Dies ist ein absolut mangelhaftes und inakzeptables Zeugnis. Die Geringschätzung beginnt bereits im ersten Satz durch die Formulierung „Hiermit bescheinigen wir, dass ..." Auch bei der Tätigkeitsbeschreibung kommt durch die Formulierung „Hier oblag ihm die Aufgabe, ..." eine negative Bewertungstendenz zum Ausdruck.
Die Leistungsbeurteilung setzt diese Art der Beschreibung fort. Sie ist deutlich negativ. Obwohl dem Kandidaten für den Anfang eine relativ gute Leistung attestiert wird, wird sie im Ganzen durch die Kürze der Ausführungen und den Schluss „er war im Allgemeinen pünktlich" wieder verschlechtert. Die Leistungen, so wird signalisiert, ließen mit der Zeit deutlich nach.
Die Äußerung über das Fernbleiben wegen eines Alkoholproblems ist unzulässig. Wenn der Arbeitnehmer tatsächlich häufig gefehlt hat, darf dies nur wie folgt umschrieben werden: „Bei Herrn Cassube häuften sich die Fehltage, und es kam zu Konflikten mit dem Vorgesetzten." Krankheiten dürfen in der Regel nicht im Zeugnis erwähnt werden. Wenn die Alkoholabhängigkeit aber so gravierend ist, dass es zu Fehlverhalten während der Arbeitszeit kommt, kann der Arbeitgeber dies durch verklausulierte Formulierungen ausdrücken (s. o.).
Die Abschlussformel beinhaltet zweifelsohne, dass dem Kandidaten gekündigt wurde. Dies wird dadurch unterstrichen, dass hier keinerlei Dank und keine Zukunftswünsche folgen.
Der Rang des Unterzeichners ist nicht ausgewiesen und das Ausstellungsdatum ist schon weit vom Austrittsdatum entfernt.

Einschätzung
Absolut mangelhaftes Zeugnis, das die Kündigung wegen Alkoholismus deutlich ausdrückt. Selbst wenn diese Beschreibung der Wahrheit entspricht, müssen einige Formulierungen geändert werden (s. o.). Die Position des Unterzeichners muss ergänzt werden.

Zeugnis

Herr Michael Urban, geb. am 12.4.1965, war vom 1.6.2011 bis zum 28.2.2015 in meiner Firma tätig.

Er war als Glaser in der Werkstatt und am Bau mit allen üblichen Glaserarbeiten einschließlich Schaufensterverglasung beschäftigt. Darüber hinaus führte er auch spezielle Aufträge aus, um bleigefasste Buntglasfenster anzufertigen.

Herr Urban beherrscht sein Fach sehr gut und war auch in der Lage, Hilfskräfte ordentlich einzuweisen und anzuleiten. Ich konnte ihm in zunehmendem Maße besonders schwierige Arbeiten übergeben. In meiner Abwesenheit hat er meine Werkstatt immer selbstständig und mit absoluter Zuverlässigkeit vertreten. Besonders schätzte ich an ihm sein Pflichtbewusstsein und seine äußerste Genauigkeit.

Herr Urban verlässt meinen Betrieb auf eigenen Wunsch. Ich bedauere, einen so zuverlässigen Mitarbeiter verlieren zu müssen. Für seinen weiteren Berufsweg wünsche ich ihm viel Glück und Erfolg.

Essen, 1.3.2015

Glaserei H. Bartels GmbH

H. Bartels

H. Bartels
Inhaber

Kommentar zur 1. Version
Kurzes, nicht ganz eindeutiges Zeugnis, das schwer einzuschätzen ist. Es fehlen wichtige Bestandteile. Bereits im Einleitungssatz sollte der Beruf genannt werden und nicht erst in der Tätigkeitsbeschreibung wie hier. Diese könnte auch ausführlicher sein.

Die Leistungsbeurteilung ist zwar länger, aber sie hätte ruhig auch noch detaillierter ausfallen dürfen. Sie ist von der Bewertung her nicht eindeutig einzuschätzen. So fehlt im ersten Satz bei „Herr Urban beherrscht sein Fach sehr gut" ein wichtiges Füllwort (adverbiale Bestimmung der Zeit) wie „immer, jederzeit, stets", damit die Bewertung wirklich gut ist. Andererseits klingt die Beschreibung, dass der Kandidat die Werkstatt immer selbstständig und mit absoluter Zuverlässigkeit vertreten hat, wieder sehr lobend und wertschätzend. Eine zusammenfassende Leistungsbeurteilung sowie die Verhaltensbeurteilung fehlen.

Der Ausscheidungsgrund wird benannt, und das Bedauern und die Zukunftswünsche sind sicherlich wieder sehr positiv und voller Wertschätzung. Die Daten (Ausstellung/Ausscheiden) sind in Ordnung.

> **Einschätzung**
> Ein Zeugnis mit gutem Ansatz, das sicherlich auch mit wohlwollender Absicht verfasst ist, aber dringend überarbeitet werden muss. Erst dann wird es ein ordentliches Zeugnis mit der Note gut bis befriedigend.

Vergleichen Sie die erste Version mit der überarbeiteten Fassung auf der folgenden Seite.

Zeugnis

Herr Michael Urban, geb. am 12.4.1965, war als Glaser Altgeselle vom 1.6.2011 bis zum 28.2.2015 in meiner Firma tätig.

Zu seinen Hauptaufgaben gehörten:
- Glaskonstruktionen planen und entwerfen inklusive aller Aufmaß- und Zuschneidearbeiten, Schleif-, Bohr- und Sägearbeiten z. T. mit Spezialmaschinen wie Kunststein- oder Diamant-Glassägen durchführen, Kanten-Bearbeitung,
- Blei-, Messing- und Eloxalverglasungen anfertigen,
- Glas veredeln (z. B. mattieren mittels Sandstrahltechnik, beschichten, emaillieren und Siebdruck) oder bedrucken (Farbtransferdruck)
- Glasleuchten und -schilder herstellen
- Reparatur- und Instandsetzungsarbeiten ausführen
- Montage und Reparaturarbeiten auf der Baustelle erledigen

Darüber hinaus führte er auch spezielle Aufträge aus, um bleigefasste Buntglasfenster anzufertigen bzw. Schäden daran zu beseitigen. Seine Einsatzgebiete waren vorwiegend in unserer Werkstatt und auf Baustellen sowie beim Kunden direkt.

Herr Urban war mit allen üblichen Glaserarbeiten bestens vertraut und hat sich sehr schnell in unseren Betrieb eingearbeitet. Er beherrscht sein Fach stets sehr gut und war auch immer in der Lage und willens, Hilfskräfte ordentlich einzuweisen und sinnvoll anzuleiten. Ich konnte ihm in zunehmendem Maße besonders schwierige Arbeiten übergeben.

In meiner Abwesenheit hat er mich in meiner Werkstatt immer sehr selbstständig und mit absoluter Zuverlässigkeit vertreten. Besonders schätzte ich an ihm sein Pflichtbewusstsein, seinen Fleiß und seine äußerste Genauigkeit. Mit seinen Leistungen war ich jederzeit vollauf zufrieden und sein Verhalten war immer vorbildlich.

Herr Urban verlässt meinen Betrieb auf eigenen Wunsch. Ich bedauere, einen so zuverlässigen Mitarbeiter zu verlieren. Für seinen weiteren Berufsweg wünsche ich ihm viel Glück und Erfolg.

Essen, 1.3.2015
Glaserei H. Bartels GmbH

H Bartels

H. Bartels
Inhaber

Kommentar zur 2. Version

Den Unterschied erlebt man im direkten Vergleich der beiden Versionen jetzt ganz besonders intensiv. So sollte es schon aussehen das Arbeitszeugnis, wenn man sich als gestandener Handwerker empfehlen möchte. Hier werden Aufgaben konkret genannt und alle anderen wichtigen Abschnitte, die im Ansatz schon vorhanden waren, aufgewertet.

Einschätzung

So viel muss einfach sein! Nach der Überarbeitung ein eindeutig gutes Arbeitszeugnis, angemessen ausführlich, das den Bewerber empfiehlt.

Zeugnis

Kipfenberg, 15.2.2015

Herr Matthias Reiff, geb. am 17.9.1969, trat am 1.8.2010 als Maurer in unsere Firma ein.

Er hatte die für einen Maurer üblichen Arbeiten auszuführen.

Wir lernten Herrn Reiff als einen fleißigen, pünktlichen und gewissenhaften Mitarbeiter kennen, der die ihm übertragenen Arbeiten zu unserer Zufriedenheit erledigte.

Die Zusammenarbeit mit den Kollegen verlief meist reibungslos.

Das Arbeitsverhältnis endet am 14.2.2015 aus besonderen Gründen.

K. W. Schmidt GmbH
Bauausführungen

K. W. Schmidt

K. W. Schmidt
Inhaber

Kommentar

Sehr minimalistisches, schlechtes Zeugnis, dem zweifelsfrei eine fristlose Kündigung zugrunde liegt. Die Tätigkeitsbeschreibung ist vollkommen nichtssagend und viel zu kurz. Die Leistungsbeurteilung ebenso, und sie enthält in der Abschlussbemerkung eine kaum noch ausreichende Beurteilung.

Die Verhaltensbeschreibung ist nicht der Norm entsprechend formuliert. Hinter der beschönigenden Verklausulierung verbirgt sich wahrscheinlich der Kündigungsgrund, denn sie gibt Anlass zur Vermutung, dass der Kandidat Schwierigkeiten durch sein Verhalten verursacht hat. Das Verhalten zu Vorgesetzten ist absichtlich ausgelassen, um den Hinweis auf Verhaltensprobleme zu unterstützen.

Der Ausscheidungsgrund wird nicht genannt. Dies ist zwar gesetzlich erlaubt, aber diese Auslassung lässt nichts Gutes ahnen. Es folgen weder Dankesformel noch Zukunftswünsche – der negative Eindruck wird also verstärkt. Da hilft auch die Übereinstimmung der Daten (Ausstellung/Ausscheiden) nicht.

> **Einschätzung**
> Sehr schlechtes, mangelhaftes Zeugnis, eine absolute Bremse für die berufliche Zukunft.

Unter **www.berufsstrategie-exakt.de** finden Sie eine verbesserte Version dieses Zeugnisses.

Zwischenzeugnis

Frau Petra Conrad, geb. am 17.09.1962, ist seit dem 15.11.2006 in unserem Haushalt als Haushaltshilfe tätig.

Zu ihrem Wirkungs- und Verantwortungsbereich gehören folgende Aufgaben, die in unserem Einfamilienhaus mit Fünfpersonenhaushalt anfallen:
- die selbstständige Führung des gesamten Haushalts mit Führung der Haushaltskasse
- der eigenständige Einkauf der Nahrungsmittel und Haushaltsgegenstände
- die Zubereitung aller Speisen nach Wochenplan
- die Planung und Organisation der Vorratshaltung
- die Reinigung aller Räume des Haushalts
- die Pflege und Instandhaltung der Wäsche, Kleidung und textilen Wohnausstattung
- das Arrangieren und Pflegen der Zimmerpflanzen
- die Versorgung des Hundes.

Frau Conrad arbeitete sich schnell in diese Vertrauensposition ein. Sie zeigt stets großes Engagement und Geschick bei ihrer Arbeit und erledigt ihre Aufgaben jederzeit pflichtbewusst, zuverlässig und gewissenhaft. Frau Conrad überzeugt durch ein sehr gutes Organisationstalent und führt den Haushalt sehr kostenbewusst. Ferner ist sie perfekt in der Reinigung und Pflege des Haushalts. Ihre Kochkenntnisse gehen weit über die normalen Tagesanforderungen hinaus, denn sie hat bei Abendgesellschaften oft die Vorbereitungen und die Ausführung vollkommen selbstständig übernommen. Hervorzuheben ist auch ihr hohes Maß an Verantwortungsbewusstsein sowie ihre Ehrlichkeit.

Auch bei größeren Anforderungen (z. B. Umbauten in unserem Haus) verschlechterte Frau Conrad nicht ihre Arbeitsleistung und zeigte sich den erschwerten Bedingungen voll gewachsen.

Frau Conrad führt die ihr übertragenen Aufgaben zu unserer vollsten Zufriedenheit aus. Sie genießt das Vertrauen unserer gesamten Familie. Aufgrund ihres jederzeit fröhlichen Wesens und ihrer hilfsbereiten Art wird sie von allen Familienmitgliedern sehr geschätzt.

Dieses Zwischenzeugnis wurde auf Wunsch von Frau Conrad erstellt. Das Beschäftigungsverhältnis ist ungekündigt.

Wir danken Frau Conrad für ihre stets sehr guten Leistungen und freuen uns auch weiterhin darüber, sie in unserem Haushalt zu haben.

Celle, 31. 03. 2015

Frederike Krüger-Busse

Frederike Krüger-Busse					Dr. Hans Krüger

Kommentar

Ein angemessen langes Zwischenzeugnis bei einer achtjährigen Beschäftigungszeit. Formal und inhaltlich scheint alles auf den ersten Blick in Ordnung zu sein. Die Wertschätzung ist vorbildlich zum Ausdruck gebracht.

Leider ist ein kleiner Fehler vorhanden. Haben Sie den Tippfehler im dritten Absatz entdeckt? Das Wort „Kochkentnisse" ist falsch geschrieben, richtig: „Kochkenntnisse". Achten Sie unbedingt auch auf stilistische, grammatikalische und orthografische Korrektheit!

Einschätzung

Ein gutes bis sehr gutes Zwischenzeugnis. Es muss nur noch der Tippfehler beseitigt werden. Die Kandidatin erscheint sehr empfehlenswert. Mit diesem Zeugnis kann sie sich überall bewerben. Dr. Hans Krüger hätte besser auch unterschreiben sollen. Die Unterschrift der „Hausherrin" allein würde genügen, dann sollte man den zweiten Namen aber weglassen.

Zeugnis

Herr Jörg Falkenthal, geb. am 2.9.1965 in Frankfurt/Main, war vom 1.2.2008 bis zum 31.1.2015 als Automobilverkäufer in unserer Firma tätig.

Er war für ein spezielles Verkaufsgebiet unseres Typensortiments eigenverantwortlich zuständig und hat sich besonders bei der Akquisition von Neukunden profiliert. Wegen seiner fachlich ausgezeichneten Kenntnisse, verbunden mit einer positiven Einstellung zu seiner Marke VW und Liebe zum Automobil, schätzten wir ihn als wertvollen Mitarbeiter.

Wir lernten Herrn Falkenthal als einen engagierten, aufgeschlossenen Mitarbeiter kennen, der seine Tätigkeiten mit vollem Einsatz erfolgreich ausführte. Seine Arbeitsqualität war stets weit überdurchschnittlich. Durch eine Weiterbildungsmaßnahme hat er seine Kundenberatung noch optimiert und mit zu einer erheblichen Umsatzsteigerung beigetragen.

Aufgrund seiner kooperativen Haltung war Herr Falkenthal immer bei Vorgesetzten und Kollegen anerkannt und beliebt. Sein Auftreten gegenüber Kunden war jederzeit makellos, und er war als kompetenter und freundlicher Gesprächspartner anerkannt.

Herr Falkenthal verlässt unsere Firma auf eigenen Wunsch, um sich finanziell zu verbessern. Wir bedauern dies sehr und wünschen ihm beruflich und persönlich alles Gute.

Kiel, 31.1.2015

Robert Petzold
VW-Vertragshändler

Ferdinand Wolters
Verkaufsleiter

Kommentar zur 1. Version

Der Unterzeichner ist in seiner Position klar ausgewiesen. Die Austritts- und Ausstellungsdaten stimmen überein. Trotzdem handelt es sich hier um ein eher ambivalentes Zeugnis, das nicht klar einzuschätzen ist. Die Tätigkeitsbeschreibung ist mangelhaft, da sie viel zu kurz und unklar ist. Im zweiten Satz werden schon Äußerungen zur Leistung gemacht, die erst in einem separaten Absatz folgen sollten.

Die Leistungsbeurteilung im dritten Absatz ist wiederum gut und erscheint glaubhaft. Die erwähnten Umsatzsteigerungen müssten noch näher erläutert werden. Dann wäre dies ein hervorragendes Beispiel für einen besonderen Arbeitserfolg des Kandidaten, der unbedingt im Zeugnis erwähnt werden muss. Leider fehlt am Schluss eine zusammenfassende Leistungsbeurteilung.

Die Verhaltensbeurteilung entspricht nicht den üblichen Formulierungen. Die Aussagen hier sind aber glaubwürdig und lobend.

Der Abschluss ist zwar mit einer Bedauernsformel versehen, klingt aber frustriert, da dem Mitarbeiter ausschließlich finanzielle Motive für den Wechsel zugeschrieben werden.

Einschätzung

Trotz der guten Leistungs- und Verhaltensbeurteilung ist dieses Zeugnis so nicht zu akzeptieren, da es in der Bewertung nicht sicher einzuschätzen ist. Außerdem muss die Tätigkeitsbeschreibung deutlich erweitert, das Zeugnis durch die zusammenfassende Leistungsbeurteilung ergänzt und der Schluss geändert werden, damit es letztendlich als gutes Zeugnis eingestuft werden kann.

Vergleichen Sie die erste Version mit der überarbeiteten Fassung auf der folgenden Seite.

Zeugnis

Herr Jörg Falkenthal, geb. am 2.9.1965 in Frankfurt/Main, war vom 1.2.2008 bis zum 31.1.2015 als Automobilverkäufer in unserer Firma tätig.

Er war für ein spezielles Verkaufsgebiet unseres Typensortiments (Nutzfahrzeuge) eigenverantwortlich zuständig. Dabei hat er mit hohem Einsatz die Betreuung unserer Stammkunden durchgeführt und sich besonders bei der Akquisition von Neukunden profiliert. Zum Beispiel ist es ihm gelungen, dass die Norddeutsche Großbäckerei AG ihren Nutzfahrzeugpark auf die 8–9-Tonner-Modellreihe VW/MAN umgestellt hat. Ferner hat Herr Falkenthal erreicht, dass deren Betriebsleitung, die seit Jahrzehnten auf eine schwäbische Automarke eingeschworen war, auf das Flaggschiff aus der V. A. G.-Palette (Audi A8) gewechselt hat.

Wegen seiner fachlich ausgezeichneten Kenntnisse, verbunden mit einer positiven Einstellung zu seiner Marke VW und Liebe zum Automobil, schätzten wir Herrn Falkenthal als wertvollen Mitarbeiter. Er war stets engagiert und aufgeschlossen und führte seine Tätigkeiten immer mit vollem Einsatz erfolgreich aus. Seine Arbeitsqualität war jederzeit weit überdurchschnittlich. Durch eine Weiterbildungsmaßnahme hat er seine Kundenberatung noch optimiert und zu einer erheblichen Umsatzsteigerung beigetragen. So ist der Absatz von Nutzfahrzeugen in den letzten 18 Monaten um 35 Prozent gestiegen.

Herr Falkenthal erfüllte seine Aufgaben stets zu unserer vollen Zufriedenheit.

Aufgrund seiner kooperativen Haltung war Herr Falkenthal immer bei Vorgesetzten und Kollegen anerkannt und beliebt. Sein Auftreten gegenüber Kunden war jederzeit makellos, und er war als kompetenter und freundlicher Gesprächspartner anerkannt.

Herr Falkenthal verlässt unsere Firma auf eigenen Wunsch. Wir bedauern dies sehr und wünschen ihm beruflich und persönlich alles Gute.

Kiel, 31.1.2015
Robert Petzold
VW-Vertragshändler

Ferdinand Wolters

Ferdinand Wolters
Verkaufsleiter

Kommentar zur 2.Version

Dieses Zeugnis kann nach der Überarbeitung als eindeutig gut eingestuft werden. Die Tätigkeitsbeschreibung ist nun ausführlicher. Der zweite Satz der vorherigen Aufgabenbeschreibung wurde in die Leistungsbeurteilung integriert, die in der verbesserten Version deutlich detaillierter ausfällt. Die erwähnten Umsatzsteigerungen werden auch genauer erläutert. Dadurch ist der besondere Arbeitserfolg des Kandidaten eindeutig. Eine zusammenfassende Leistungsbeurteilung wurde nun ebenfalls eingefügt.

Im Abschluss ist der Grund des Abschieds nicht erwähnt. So erfährt der Leser nicht, dass der Zeugnisempfänger aus finanziellen Gründen zu gehen scheint. Diese Variante ist für Herrn Falkenthal eindeutig besser als die in der ersten Version.

Einschätzung

Nach der Verbesserung recht gutes Zeugnis, das den Kandidaten als empfehlenswert beschreibt.

Arbeitszeugnis

Frau Nicole Emmerich, geb. am 26.4.1974, trat am 1.4.1999 als Fremdsprachenkorrespondentin in unser Unternehmen ein.

Sie war für die Exportabteilung als Mitarbeiterin des Leiters tätig. Ihr Aufgabengebiet umfasste die gesamte Korrespondenz mit den afrikanischen und amerikanischen Ländern, die sie größtenteils selbstständig oder nach kurzen Stichwortangaben ihres Vorgesetzten ausführte. Darüber hinaus war Frau Emmerich für die Auftragsabwicklung bis zur Vorbereitung der Zollformalitäten verantwortlich und erledigte allgemeine Sekretariatsaufgaben.

Frau Emmerich ist eine gewandte, schnell auffassende und gewissenhafte Mitarbeiterin, die selbstständiges Arbeiten gewöhnt ist. Sie bringt sehr gute Kenntnisse in den Office-PC-Programmen mit. Durch einen mehrjährigen Aufenthalt in Kanada verfügt sie über perfekte Englischkenntnisse und beherrscht auch weitgehend Französisch. Bei allen Arbeiten zeichnete sie sich stets durch großen Fleiß und Genauigkeit aus. Besonders hervorzuheben sind ihre orthografische Sicherheit und ihre Begabung, immer treffend und gut zu formulieren.

Die ihr übertragenen Arbeiten erledigte sie mit Umsicht, großem Eifer und vollem persönlichem Einsatz. Wir waren mit ihren Leistungen jederzeit und ohne Vorbehalt ganz zufrieden.

Wir konnten Frau Emmerich über all die Jahre in jeder Situation voll vertrauen. Im Kollegenkreis galt sie stets als tolerante und ausgeglichene Mitarbeiterin.

Zu unserem Bedauern musste das Arbeitsverhältnis mit Frau Emmerich wegen innerbetrieblicher Sparmaßnahmen fristgemäß und betriebsbedingt zum 31.3.2015 gekündigt werden.

Für ihren weiteren beruflichen Werdegang wünschen wir ihr alles Gute, viel Glück und Erfolg.

Bochum, 31.3.2015

Leonhard GmbH & Co. KG
Feinmechanische Fabrikation

Dr. G. Kowalski

Dr. G. Kowalski
Personalleiter

Kommentar
Für eine 16-jährige Tätigkeit innerhalb eines Betriebes ist dieses Zeugnis zu kurz und knapp. Besonders die Tätigkeiten sollten detaillierter beschrieben werden. Es ist leider keine Entwicklung (z. B. Übernahme von neuen Verantwortungsbereichen) innerhalb der Firma festzustellen.
Die Leistungsbeurteilung ist zwar ausführlicher, enthält aber nicht alle Aspekte. Es fehlen an dieser Stelle Aussagen über Motivation und Engagement sowie Fortbildungen. Erst bei der zusammenfassenden Leistungsbeurteilung (vierter Abschnitt) erfährt der Leser etwas über das Engagement der Kandidatin. Zwar ist sie nicht entsprechend der sonst üblichen Form geschrieben, stellt aber eine durchaus positive Wertschätzung dar.
Auch die Verhaltensbeurteilung ist nicht wie sonst üblich ausgedrückt. Das Verhalten gegenüber Vorgesetzten wird nicht angesprochen: sehr problematisch! Die Bescheinigung von Toleranz ist eher negativ einzuschätzen.
Am Schluss wird ein Bedauern über das Ausscheiden geäußert, eine Dankesformel fehlt aber. Schade! Hierzu ist wichtig zu wissen, dass sich manche Firmen generell weigern, einen Dank auszusprechen. Leider! Die Zukunftswünsche entsprechen einem „sehr gut" in der Benotung. Der Unterzeichnende ist mit Namen und Stellung genannt. Die Daten sind in Ordnung.

Einschätzung
Von der Bewertung her ein durchaus noch gutes Zeugnis. Es ist jedoch dringend durch eine detailliertere Tätigkeitsbeschreibung und weitere Leistungsmerkmale zu verbessern und zu ergänzen. Ebenso sollte die Verhaltensbeschreibung korrigiert werden. Erst dann ist es vollkommen akzeptabel und für die weitere berufliche Laufbahn förderlich.

Zeugnis

Herr Sebastian Tenner, geb. am 13. Juni 1981 in Schleswig, war in der Zeit vom 1. April 2012 bis zum 31. Juli 2015 als Systemberater in unserem Unternehmen beschäftigt.

Auf seine Tätigkeit in unserem Hause wurde Herr Tenner durch eine umfassende Ausbildung in unserem Trainingszentrum in Trier vorbereitet. Dieses Trainingsprogramm umfasste insbesondere unsere Basisprodukte Micro, Soft und Spell sowie unser Bürokommunikationssystem Speak. Durch in- und externe Schulungsmaßnahmen hat sich Herr Tenner darüber hinaus in fach- und persönlichkeitsbildenden Seminaren zusätzliches Wissen angeeignet, das er auch erfolgreich in die Praxis umsetzte.

Herr Tenner ist als Systemberater im Bereich UNIX betraut mit der Vertriebsunterstützung durch
- Standbetreuung auf Fachmessen
- Pre-Sales-Unterstützung durch Angebotserstellung
- Produktpräsentationen und Vorträge
- Erstellung von Machbarkeitsstudien.

Ferner wurde Herrn Tenner auch die Betreuung unserer Kunden, die Installation von Produkten aus unserem Hause und die Fehleranalyse mit anschließender Problemlösung sowie die Beta-Test-Betreuung anvertraut.

Weiterhin war er an verschiedenen Projekten bei mehreren Großkunden beteiligt.

Im eigenen Hause war er für die Systembetreuung unserer gesamten Rechnerlandschaft verantwortlich.

Herr Tenner machte sich aufgrund seiner fundierten Erfahrung schnell und sicher mit den Produkten der Computer Soft vertraut und arbeitete bereits nach einer sehr kurzen Einarbeitungszeit vollkommen selbstständig. Durch seine umsichtige und freundliche Art, auf die Kundenwünsche einzugehen, hat er selbst schwierige Verhandlungssituationen stets kompetent gemeistert. Er zeigte eine ausgeprägte Eigeninitiative – was seine Teamfähigkeit jedoch nicht beeinträchtigte – und behielt in Stresssituationen immer die Übersicht. Herr Tenner zeichnete sich außerdem durch eine konstruktive Mitarbeit aus, gepaart mit kritischem Sachverstand und sehr guten analytischen Fähigkeiten.

Wir kennen ihn als einen äußerst engagierten und zuverlässigen Mitarbeiter, der mit hohem persönlichem Einsatz seine Tätigkeiten sehr erfolgreich ausführte. Dabei war seine Arbeit stets von hoher Qualität.

Die Leistungen von Herrn Tenner haben jederzeit und in jeder Hinsicht unsere uneingeschränkte Anerkennung gefunden.

Sein Verhalten gegenüber Vorgesetzten und Kollegen war stets vorbildlich. Unseren Geschäftspartnern und Kunden gegenüber trat er stets höflich, sicher und gewandt auf. Bei schwierigen Kunden bewies er jederzeit diplomatisches Geschick.

Herr Tenner scheidet auf eigenen Wunsch aus unserem Unternehmen aus, um sich neuen beruflichen Aufgaben zu stellen. Wir danken ihm für die stets hervorragende und erfolgreiche Zusammenarbeit und bedauern sein Ausscheiden sehr.

Leipzig, 1. August 2015

Computer Soft

Volker Gerhardt
Leiter Technologieberatung

Kommentar

Für eine dreijährige Tätigkeit sehr ausführliches und gutes Zeugnis. Es sind nur kleine stilistische Verbesserungen zu empfehlen, damit es insgesamt ein sehr gutes Zeugnis wird.

Bei der Tätigkeitsbeschreibung wurde oft die passivische Form gebraucht, z. B. im vierten Absatz „Ferner wurde Herrn Tenner … anvertraut" sollte folgendermaßen verbessert werden, zumal auch die Wahl des Verbs ungünstig ist: „Ferner betreute Herr Tenner unsere Kunden, installierte Produkte aus unserem Hause auf verschiedenen UNIX-Plattformen und betrieb die Fehleranalyse mit anschließender Problemlösung sowie die Beta-Test-Betreuung."

Im fünften Absatz sollte die Formulierung „Weiterhin war er an … beteiligt" auch wie folgt korrigiert werden: „Weiterhin arbeitete er an … mit". Eine aktivische Beschreibung ist vorteilhafter.

Die Leistungsbeurteilung ist sehr detailliert und wertschätzend. Die zusammenfassende Leistungsbeurteilung entspricht nicht der am häufigsten gewählten Formulierung. Sie klingt etwas gestelzt, beinhaltet aber eine sehr gute Benotung.

Das Verhalten wird ebenso sehr gelobt (= Note sehr gut). Aus stilistischen Gründen sollte das wiederholt gebrauchte Wort „stets" in diesem Abschnitt durch „immer" und „jederzeit" ersetzt werden, zumal in der Dankesformel am Schluss auch wieder „stets" verwendet wird. Leider fehlen die Zukunftswünsche.

Einschätzung

Nach Ausführung dieser stilistischen Verbesserungen wäre es ein wirklich gutes Zeugnis, das den Kandidaten als sehr empfehlenswert auszeichnet.

Zeugnis

für Dr. Karsten Nitsch, * am 3.10.1978,
der vom 1.4.2012 bis zum 31.1.2015 als Assistenzarzt
in der St.-Marien-Klinik tätig war

Wir haben Herrn Dr. Nitsch als einen Arzt kennengelernt, der seine klinische Ausbildung sehr ernst genommen hat. Bereits nach kurzer Zeit nahm er die ihm übertragenen ärztlichen Aufgaben selbstständig wahr. Er zeigte stets ein hohes Maß an Engagement und kümmerte sich immer mit vollem Einsatz um das Wohl der Patientinnen. Die Arbeitsweise von Herrn Dr. Nitsch kann als gewissenhaft, zuverlässig und sorgfältig beschrieben werden. Seine klinische Urteilsfähigkeit zeigte neben einer schnellen Auffassungsgabe stets auch ein individuelles Abwägen im besten Interesse für die einzelne Patientin. Er war jederzeit in der Lage, sein fundiertes Fachwissen gut in die Praxis umzusetzen. Auch unter erhöhter Belastung war Herr Dr. Nitsch seinen Aufgaben immer in vollem Umfang gewachsen.

Dr. Nitsch erledigte seine ihm übertragenen Aufgaben stets zu unserer höchsten Zufriedenheit.

Sein Verhalten gegenüber Vorgesetzten war stets vorbildlich. Wegen seiner freundlichen und zuvorkommenden Art war er bei Kollegen und den Pflegemitarbeitern sehr geschätzt und respektiert. Zu seinen Patientinnen hatte er ein ausgezeichnetes Verhältnis, das sich insbesondere auch in dem ihm entgegengebrachten Vertrauen äußerte.

Auch wenn Herr Dr. Nitsch seine Facharztausbildung noch nicht beendet hat, kann ich jetzt schon behaupten, dass er aufgrund seines fundierten Fachwissens und seines überdurchschnittlichen Einsatzes ganz gewiss ein sehr guter Geburtshelfer und Gynäkologe werden wird. Ich kann ihn uneingeschränkt als Arzt empfehlen.

Herr Dr. Nitsch scheidet auf eigenen Wunsch aus unserer Klinik aus, da er aus persönlichen Gründen in Koblenz seine Facharztausbildung fortführen möchte. Wir bedauern es außerordentlich, dass Herr Dr. Nitsch uns verlässt, und bedanken uns für die sehr gute Mitarbeit in unserer Klinik.

München, 21.3.2015

Dr. med. H. Müller-Bergedorf
– Direktor der Klinik –

CURRICULUM

von

Herrn Dr. Karsten Nitsch

Assistenzarzt in Facharztweiterbildung vom 1.4.2012 – 31.1.2015

Konservative Station 1.4.12 - 30.5.12, 15.7.12 - 31.8.12, 1.4.13 - 15.11.13
- Betreuung ambulanter Patientinnen über die Kurzzeitonkologie
- Stationäre Betreuung von onkologischen Patientinnen
- Planung und Durchführung von Chemotherapien
- zusätzliche Betreuung von Patientinnen mit Hochdosis-Chemotherapie
- Strahlentherapie: Afterloadings
- Stationäre Nachsorgeuntersuchungen

Operative Station 1.6.12 – 14.7.12, 17.1.13 – 31.3.13
- Assistenz im OP, kleinere operative Eingriffe
- Prä- und postoperative stationäre Patientinnenbetreuung

Geburtshilfe 1.9.12 – 16.1.13, 16.11.13 – 31.1.15
- Leitung von Geburten, Versorgung von Episiotomien und Verletzungen unter der Geburt
- zusätzliche Schwangerenberatung (ambulante Patientinnen) und Vertretung in der Poliklinik
- Stationäre Betreuung von Wöchnerinnen und Risikoschwangerschaften
- Assistenz bei Sectiones und vaginal operativen Entbindungen

Nachtdienste regelmäßig seit 8/2012
- Eigenständige Primärversorgung von gynäkologischen und geburtshilflichen Akutpatientinnen einschließlich gynäkologischer Untersuchung und Sonographie

Operationen:
- Fraktionierte Abrasiones: 15
- Nachcurettagen: 30, davon 2 nach IUFT 20. SSW
- Mamma-PE: 7
- Laparoskopien: 5
- Einlage von Fehling-Röhrchen vor AL: 2
- Laparotomien: 2 und Exzision einer Ovarialzyste
- Afterloading-Therapien: 110
- Entbindungen: 105, davon 45 mit Naht einer Episiotomie (oder eines Dammrisses)

München, 21.3.2015

Dr. med. H. Müller-Bergedorf

Dr. med. H. Müller-Bergedorf
– Direktor der Klinik –

Kommentar

Dieses Zeugnis ist offensichtlich nicht (industrie-)normgerecht verfasst, da statt einer sonst üblichen Tätigkeitsbeschreibung ein sogenanntes Curriculum separat beigefügt ist, in dem die einzelnen Aufgaben in einer stichwortartigen Aufstellung beschrieben sind. Das eigentliche Zeugnis enthält „nur" die restliche Beurteilung ohne Erwähnung der Aufgaben, die Überschrift beinhaltet die Daten, die sonst im ersten Satz genannt werden. Im klinischen Bereich ist eine derartige Zeugnisform aber durchaus üblich, denn der Leser kann im Curriculum schnell und übersichtlich die Tätigkeiten überblicken.

Der in Arztbriefen verwendete Stern als Beschreibung für „geboren" sollte im Zeugnis nicht verwendet werden.

Das Zeugnis ist fast zwei Monate nach dem Ausscheiden ausgestellt. Dies ist unbedingt zu korrigieren.

Die Leistungsbeurteilung ist in einem besonderen Stil sehr ausführlich vorgenommen und enthält viel Wertschätzung und Anerkennung. Eine zusammenfassende Leistungsbeurteilung folgt normgerecht am Schluss. Sie entspricht einem „sehr gut".

Das Verhalten wird ebenso detailliert beschrieben und alle wesentlichen Punkte werden behandelt. Am Schluss folgt eine sehr persönlich formulierte Einschätzung des Zeugnisausstellers zur zukünftigen beruflichen Entwicklung des Kandidaten, die ihn als sehr empfehlenswert auszeichnet. Der Ausscheidungsgrund wird klar benannt, Bedauern und Dank werden ausgesprochen. Leider fehlen wie beim vorherigen Beispiel am Schluss die Zukunftswünsche, die hoffentlich nur aus Versehen vergessen wurden.

Einschätzung

Von der Norm abweichendes gutes bis sehr gutes Zeugnis, das im Klinikbereich aber so akzeptiert wird. Für eine endgültige Version sollte das Datum jedoch geändert, der Stern durch „geb." ersetzt und die Zukunftswünsche noch ergänzt werden.

Zeugnis

Herr Jan Imhof, geb. am 13.12.1975 in Idar-Oberstein, war vom 1.1.2014 bis zum 31.7.2015 als PR-Berater in unserem Unternehmen beschäftigt.

Herr Imhof hat als qualifizierte Fachkraft im PR-Bereich zu unserer vollen Zufriedenheit gearbeitet. Er ist ein angenehmer Mitarbeiter gewesen, der sich im Kollegenkreis und bei Vorgesetzten allgemeiner Beliebtheit erfreute. In seinem Auftreten gegenüber Kunden bewies er freundliches Geschick und schnelle Auffassungsgabe. Innerhalb seiner Beschäftigungszeit übertrugen wir Herrn Imhof die Betreuung und Beratung unserer Kunden in allen Fragen der Öffentlichkeitsarbeit. Er war für die Gestaltung und Durchführung dieser PR-Aktivitäten zuständig. Hierzu gehörten das Ausarbeiten und Redigieren von Presse-Informationen und das Recherchieren, Verfassen und Platzieren von Applikationsberichten in Fachzeitschriften. Ferner konnten wir ihm die inhaltliche und redaktionelle Gestaltung von Kunden- und Mitarbeiterzeitschriften übertragen. Darüber hinaus wurde Herr Imhof mit Presseveranstaltungen wie Pressekonferenzen und Interviews beschäftigt.

Herr Imhof war ein motivierter Mitarbeiter, der die ihm gesetzten Ziele verfolgte. Bei der Arbeitsdurchführung war Herr Imhof jederzeit zügig und termingerecht.

Zum 31.7.2015 hat Herr Imhof das mit uns bestehende Arbeitsverhältnis fristgemäß gekündigt, um sich selbstständig zu machen.

Wir wünschen Herrn Imhof für seine weitere Arbeit alles Gute.

Dresden, 1.8.2015

R. Plesse GmbH
Marketing-Agentur

Dr. Werner Füllhorn
Geschäftsführer

Kommentar

Optisch sticht bei diesem Zeugnis der äußerst lange zweite Absatz ins Auge. Ein so ausführlicher Absatz sollte unterteilt werden.

Nach der akzeptablen Einleitung beginnt der zweite Absatz direkt mit der zusammenfassenden Leistungsbeurteilung, die aber nur knapp befriedigend ist. Dann folgt die detaillierte Beschreibung des Verhaltens. Auffällig ist die Änderung der üblichen Reihenfolge: Die Kollegen werden vor den Vorgesetzten erwähnt. Dies gibt Anlass zur Annahme, dass etwas im Verhalten des Kandidaten den Vorgesetzten gegenüber nicht korrekt war. Ohne Absatz folgt die Tätigkeitsbeschreibung, die durch die Wahl der Verben und die häufig passivische Formulierung auch nicht sehr gut ausfällt: „Wir übertrugen ihm ...", „Er war für ... zuständig", „Hierzu gehörten das ...", „Ferner konnten wir ihm ... übertragen" .... Diese Formulierungen sollten durch aktive Beschreibungen seiner Tätigkeiten ersetzt werden (z. B. „er betreute ..."). Insgesamt ist zu diesem Aufbau zu sagen, dass er nicht der Norm entspricht und besser geändert werden sollte.

Die Leistungsbeurteilung setzt sich aus zwei Sätzen zur Arbeitsbereitschaft und -weise zusammen, die von der Benotung her nur einem „knapp befriedigend" entsprechen. Sie ist zu kurz. Es sollten noch Aussagen zu Arbeitsbefähigung, Arbeitserfolgen, Fachwissen und Weiterbildungsmotivation gemacht werden.

Der Schluss enthält weder eine Bedauernsformel noch einen Dank, und auch die Zukunftswünsche sind sehr dürftig (= Note „knapp befriedigend").

Auffällig: Die ersten drei Absätze beginnen mit „Herr Imhof ..." Dies ist stilistisch unschön und bedarf ebenfalls einer Korrektur.

> **Einschätzung**
>
> Dieses Zeugnis ist wegen seines Aufbaus, Stils und der geringen Wertschätzung ein unbefriedigendes Zeugnis, das unbedingt korrigiert werden muss.

Arbeitszeugnis

Gütersloh, 31. März 2015

Herr Martin Ohnesorg, geboren am 12. Juni 1971 in Lüneburg, war vom 1. Februar 2011 bis zum 31. März 2015 als Lektor in unserem Verlag beschäftigt.

Herr Ohnesorg übernahm zunächst für zwei Monate die Vertretung für eine Mitarbeiterin für den Bereich Geschichtswissenschaften. Danach war er für unser Fachgebiet Geowissenschaften mit den Bereichen Geografie, Geologie, Kartografie und Meteorologie zuständig. Er bearbeitete sowohl Monografien als auch Schriftenreihen und wissenschaftliche Zeitschriften.

Sein Aufgabengebiet umfasste neben der Manuskriptbearbeitung die Koordination zwischen den Abteilungen Herstellung, Werbung, Vertrieb und Multiplikatoren sowie die Terminüberwachung. Ebenso oblagen ihm die Konzeption neuer Titel mit der dazu notwendigen Marktbeobachtung und die Akquisition der entsprechenden Autoren. Ein besonderes Gewicht hatte auch die ständige fachkundige Betreuung unserer Stammautoren.

Nach sehr kurzer Zeit hatte sich Herr Ohnesorg in sein Aufgabengebiet eingearbeitet und zeigte ein hohes Maß an persönlichem Einsatz und Initiative. Sein durch Routine und Systematik geprägter Arbeitsstil, Flexibilität und große Einsatzfreude ermöglichten es ihm, auch unter Zeitdruck, seine Aufgaben termingemäß zu erledigen. Dabei kam ihm auch seine wissenschaftliche Ausbildung sehr zugute, denn er bewies ein ausgezeichnetes geografisches Fachwissen. Seine guten englischen Sprachkenntnisse waren bei der Betreuung der ausländischen Autoren ebenfalls sehr vorteilhaft. Des Weiteren zeichnete sich Herr Ohnesorg in seiner Arbeitsweise durch große Sorgfalt und Genauigkeit aus.

Herr Ohnesorg war den Autoren, Kunden und Freunden immer ein angenehmer und qualifizierter Gesprächspartner. Er war ein sehr beliebter Kollege und leistungsfähiger Mitarbeiter, dessen Ausscheiden wir sehr bedauern. Herr Ohnesorg verlässt uns auf eigenen Wunsch wegen eines Wohnortwechsels.

Wir danken Herrn Ohnesorg für seine engagierte Verlagsarbeit und wünschen ihm auf seinem weiteren beruflichen Werdegang alles Gute, viel Glück und Erfolg.

Norbert Neumann

Kommentar

Auf den ersten Blick fällt auf, dass der Unterzeichnende in Ranghöhe und Kompetenz nicht zu identifizieren ist. Von der Länge und Ausführlichkeit her handelt es sich um ein ordentliches Zeugnis.

Die Leistungsbeurteilung ist sehr ausführlich ausgefallen, und der Kandidat wird sehr positiv beschrieben – auch wenn die Reihenfolge der Bestandteile der Leistungsbeurteilung nicht der Norm entspricht. Leider fehlt eine zusammenfassende Leistungsbeurteilung am Schluss.

Die Verhaltensbeurteilung ist nicht der Norm entsprechend. Es gibt keine Aussage über das Verhalten gegenüber Vorgesetzten. Trotzdem wird der Zeugnisempfänger an dieser Stelle als qualifizierter Mitarbeiter gelobt und sein Ausscheiden bedauert. Dies klingt glaubwürdig und lässt eher auf eine gute Benotung schließen. Auch die Dankesformel und die Zukunftswünsche am Schluss lassen den Zeugnisempfänger in einem sehr positiven Licht erscheinen.

Einschätzung

Ein durchaus gutes Zeugnis mit eigenem Stil. Die zusammenfassende Leistungsbeurteilung und die Position des Ausstellers sollten aber unbedingt noch hinzugefügt und die Verhaltensbeurteilung ergänzt werden.

Zwischenzeugnis

Frau Julia Arndt, geb. am 18.4.1984 in Peine, wurde in der Zeit vom 1.7.2004 bis 31.7.2007 als Stenotypistin in unserem Unternehmen beschäftigt, und seit 1.8.2007 hat sie die Aufgaben einer Sekretärin in unserer Vertriebsleitung zu erledigen.

Frau Arndt wurde zunächst in der Vertriebsabteilung mit der Kundenkorrespondenz betraut, die sie nach Diktat oder Stichworten erledigte. Außerdem führte sie unsere Beschaffungs- und Lagerkartei. Neben der Tätigkeit in unserer Firma besuchte Frau Arndt am Abend stattfindende Fortbildungskurse, um den Abschluss zur staatlich geprüften Sekretärin zu bekommen. Mit Wirkung zum 1.8.2007 übertrugen wir ihr die Stellung einer Sekretärin in unserer Vertriebsleitung.

Ihr Aufgabengebiet umfasst hier die allgemeinen Sekretariatsaufgaben:

- Postein- und -ausgang
- Führen eines Ablagesystems der Akten
- Pflege der Adressdatenbank der Kunden
- Schriftverkehr nach Diktat oder Stichworten in deutscher und englischer Sprache
- Vorbereitung und Planung von Dienstreisen
- Organisation von Besprechungen, Tagungen und Konferenzen
- telefonische Kundenbetreuung

Weiterhin führt Frau Arndt die Investitionsplanung und Personalstatistik. Sie ist auch für das gesamte Vertragswesen innerhalb der internen und externen Vertriebsorganisation zuständig.
Wir können bestätigen, dass Frau Arndt sich in ihr Arbeitsgebiet schnell und gewissenhaft eingearbeitet hat. Sie zeigte Engagement und war oft bereit, auch zusätzlich anfallende Aufgaben zu übernehmen. Frau Arndt zeichnet sich jederzeit durch eine schnelle Auffassungsgabe sowie große Sorgfalt und Genauigkeit aus, und sie erledigt ihre Aufgaben

termingerecht. Hervorzuheben sind auch ihre Ehrlichkeit und Pünktlichkeit.

Zusammenfassend können wir feststellen, dass wir mit der Arbeitsleistung von Frau Arndt in jeder Hinsicht zufrieden sind. Sie erledigt alle ihr übertragenen Aufgaben selbstständig, zuverlässig und schnell. Auch durch ihr gutes persönliches Auftreten (z. B. am Telefon) war sie bei Kunden und Geschäftspartnern sehr geschätzt. Hier wusste sie auch ihre Englischkenntnisse gut einzusetzen.

Dieses Zwischenzeugnis erstellen wir auf Wunsch von Frau Arndt. Wir hoffen auf eine weiterhin gute und vertrauensvolle Zusammenarbeit.

15.5.2015

O. Neumann GmbH Kosmetikgroßhandel

E. Förster

Dr. Erwin Förster
Geschäftsleitung

Kommentar zur 1. Version
Hier handelt es sich bei einer elfjährigen Tätigkeit innerhalb des Unternehmens um ein von der Länge und Aussagekraft her inakzeptables Zwischenzeugnis. Es enthält stilistische und formale Mängel, die dringend verbessert werden müssen.
Gleich im ersten Satz sind die passivischen Formulierungen „wurde beschäftigt" und „hat sie die Aufgaben einer Sekretärin zu erledigen" nicht akzeptabel, da der Leser auf eine negative Beurteilung schließen könnte. Auch im zweiten Absatz ist der passivische Gebrauch des Verbs „betrauen" im ersten Satz sehr ungünstig. Der ungünstige Sprachgebrauch setzt sich fort mit der Formulierung „wir übertrugen ihr die Stellung einer Sekretärin". Das Verb „bekommen" im dritten Satz ist stilistisch nicht gut gewält.
Die Aufgabenbeschreibung in Form einer Aufzählung ist durchaus üblich, jedoch muss auf die Reihenfolge der einzelnen Tätigkeiten geachtet werden. Hier stehen weniger wichtige Aufgaben an erster Stelle. Am Anfang sollten jedoch immer die wichtigsten und anspruchsvollsten aufgeführt sein.
Die Leistungsbeurteilung spricht nicht alle wichtigen Aspekte an. Zum Beispiel sollten Aussagen über die Fachkenntnisse und die Weiterbildungsintention der Zeugnisempfängerin an dieser Stelle enthalten sein. Der Anfang: „Wir können bestätigen, dass Frau Arndt ..." ist stilistisch sehr unschön und kann als negative Beurteilung gedeutet werden. Oft fehlen die adverbialen Bestimmungen der Zeit wie „stets", „jederzeit" und „immer". Wenn bei der Beschreibung des Engagements das Wort „oft" gebraucht wird, ist dies in der Regel keine gute Einschätzung. Der letzte Satz „Hervorzuheben sind auch ihre Ehrlichkeit und Pünktlichkeit." rundet die negativ wirkende Beschreibung eher noch ab, denn diese Eigenschaften sollten eigentlich nur bei Tätigkeiten im Kassenbereich erwähnt werden, ansonsten setzt man sie als selbstverständlich voraus. Verwirrend ist, dass die Zeitform der Verben in diesem und dem folgenden Absatz zwischen Präsens und Präteritum hin und her wechselt.
Das Resümee der Leistungsbeurteilung beginnt ebenfalls mit einem nicht akzeptablen Satz, „Zusammenfassend können wir feststellen,

dass ...", der dringend zu ändern ist. Die Beschreibung entspricht auch nicht der allgemein üblichen Formulierung, und somit ist die Benotung nicht eindeutig.

Die Verhaltensbeurteilung ist sehr individuell formuliert und stilistisch nicht gelungen (Gebrauch der Klammern). Es wird nichts über das Verhalten zu Vorgesetzten gesagt. Am Schluss fehlt der Dank – Absicht oder einfach nur vergessen? Beim Datum ist die Ortsangabe zu ergänzen.

Einschätzung

Ein zu kurzes und stilistisch nicht akzeptables Zeugnis, das dringend zu korrigieren ist. Erst dann kann es für die Zukunft der Kandidatin positiv sein.

Vergleichen Sie die erste Version mit der überarbeiteten Fassung auf der folgenden Seite.

Zwischenzeugnis

Frau Julia Arndt, geb. am 18.4.1984 in Peine, trat am 1.7.2004 als Stenotypistin in unser Unternehmen ein. Ab dem 1.8.2007 übernahm sie die Position einer Sekretärin in unserer Vertriebsleitung.

Frau Arndt bearbeitete zunächst in der Vertriebsabteilung die Kundenkorrespondenz, die sie nach Diktat, Stichworten oder auch teilweise selbstständig erledigte. Außerdem führte sie unsere Beschaffungs- und Lagerkartei.

Da Frau Arndt auf Dauer eine abwechslungsreichere Tätigkeit anstrebte und sich persönlich fortbilden wollte, erwarb sie durch den Besuch von abends stattfindenden Fortbildungskursen an der Hofmeisterschule in Erlangen den Abschluss zur staatlich geprüften Sekretärin. Wir unterstützten diesen Wunsch und konnten sie innerbetrieblich versetzen. Seit dem 1.8.2007 ist sie als Sekretärin in der Vertriebsleitung tätig.

Ihr Aufgabengebiet umfasst hier die allgemeinen Sekretariatsaufgaben:
- Schriftverkehr nach Diktat oder Stichworten in deutscher und englischer Sprache
- Vorbereitung und Planung von Dienstreisen
- Abrechnung der Reisen mit dem EDV-Programm MS Excel
- Organisation von Besprechungen, Tagungen und Konferenzen
- Terminplanung und -koordinierung für den Vertriebsleiter
- Telefonische Kundenbetreuung
- Führen eines Ablagesystems der Akten
- Pflege der Adressdatenbank der Kunden
- Einarbeitung neuer Sekretariatsmitarbeiterinnen
- Postein- und -ausgang

Weiterhin führt Frau Arndt die Investitionsplanung und Personalstatistik. Sie ist auch für das gesamte Vertragswesen innerhalb der internen und externen Vertriebsorganisation zuständig. Zu ihren besonderen Arbeitserfolgen gehört die selbstständige Sachbearbeitung der Preisdokumentation. Frau Arndt versteht es, Präsentationen kreativ zu gestalten und sie stets durch Statistiken und Grafiken verständlich darzustellen.

Frau Arndt hat sich in ihr umfangreiches Arbeitsgebiet außerordentlich schnell und gewissenhaft eingearbeitet. Sie zeigt großes Engagement und ist immer bereit, auch zusätzlich anfallende Aufgaben zu übernehmen. Ihre Arbeitseinteilung ist so gut, dass sie auch in Stresssituationen immer den Überblick behält. Frau Arndt zeichnet sich jederzeit durch eine schnelle Auffassungsgabe und überdurchschnittliche Sorgfalt und Genauigkeit aus. Sie arbeitet außerdem sehr zielstrebig, umsichtig und stets termingerecht. Außerdem ist sie absolut vertrauenswürdig. Mittlerweile verfügt Frau Arndt über eine sehr breite und beachtliche Berufserfahrung, und sie beherrscht ihren Arbeitsbereich stets souverän.

Frau Arndt erfüllt ihre Aufgaben immer zu unserer vollsten Zufriedenheit und ist uns damit eine sehr wertvolle Mitarbeiterin.

Ihr Verhalten gegenüber Vorgesetzten und Kollegen ist stets vorbildlich. Unseren Geschäftspartnern und Kunden gegenüber tritt sie immer höflich, sicher und gewandt auf.

Dieses Zwischenzeugnis erstellen wir auf Wunsch von Frau Arndt, da ein Wechsel des Vorgesetzten stattgefunden hat.

Wir danken ihr für die bisherige erfolgreiche Mitarbeit und freuen uns auf eine weiterhin gute und vertrauensvolle Zusammenarbeit.

Erlangen, 15.5.2015

O. Neumann GmbH
Kosmetikgroßhandel

E. Förster

Dr. Erwin Förster
Geschäftsleitung

Kommentar zur 2. Version
Nach der Überarbeitung haben wir jetzt ein angemessen ausführliches Zwischenzeugnis bei einer elfjährigen Tätigkeit innerhalb des Unternehmens. Das Weiterbildungsinteresse der Kandidatin kommt besser zum Ausdruck. Die passivischen Formulierungen sind korrigiert.
Die Tätigkeitsbeschreibung fällt detaillierter aus. In der Aufzählung werden die wichtigsten Aufgaben zuerst genannt. Die Beschreibung der Tätigkeiten endet im fünften Absatz mit der Nennung eines besonderen Arbeitserfolges, der eigentlich in die Leistungsbeurteilung gehört, wenn man sich streng an die Reihenfolge der einzelnen Bestandteile halten will. Da sie aber eine zusätzliche Wertschätzung darstellt, kann sie auch hier stehen bleiben.
Die Leistungsbeurteilung ist jetzt ausführlicher. Bei der Beschreibung wurde auf die adverbialen Bestimmungen der Zeit geachtet. Auch die Zeiten der Verben wurden korrigiert. Die zusammenfassende Leistungsbeurteilung entspricht der üblichen Formulierung, und die Note ist eindeutig einzuschätzen.
Ebenso ist die Verhaltensbeurteilung sehr lobend und die Benotung eindeutig. Der Ausstellungsgrund wird korrekt genannt, und ein Dank wird ausgesprochen. Neben dem Datum steht jetzt auch die Ortsangabe.

> **Einschätzung**
> Nach der Überarbeitung ist es ein sehr gutes Zwischenzeugnis. Die Leistungen der Kandidatin werden absolut glaubwürdig dargestellt.

Ausbildungszeugnis

Göttingen, 14.10.2015

Fräulein Lisa Knapp, geb. am 4.4.1992 in Uslar, absolvierte in unserem Unternehmen in der Zeit vom 1.6.2013 bis zum 31.7.2015 eine Ausbildung zur Industriekauffrau.

Die Ausbildung erfolgte in den verschiedenen Abteilungen unserer Firma wie Zentrallager, Einkauf, Auftragsannahme, Versand, Disposition, Lohnbüro, Kundenbuchhaltung und EDV. Hierbei hatte Fräulein Knapp die Gelegenheit, die wesentlichen Tätigkeiten dieser Bereiche kennenzulernen, um sich ein grundlegendes kaufmännisches Wissen anzueignen. Ferner hat sie an Seminaren der Computerschule Success Software-Training teilgenommen, an denen u. a. grundsätzliche EDV-Kenntnisse vermittelt wurden.

Wir bestätigen Fräulein Knapp gern, dass sie die ihr übertragenen Aufgaben zu unserer Zufriedenheit ausgeführt hat.

Ihr Verhalten zu Mitarbeitern war vorbildlich.

Wir wünschen Fräulein Knapp für die Zukunft das Allerbeste.

Schlemeyer und Co.

Papiergroßhandlung

Herbert Klein   *Norbert Müller*

Herbert Klein   Norbert Müller

Kommentar
Ein kaum noch ausreichendes, eher schon mangelhaftes Zeugnis, in dem die Position der Unterzeichnenden fehlt. Das Zeugnis wurde erst zweieinhalb Monate nach Ausbildungsbeendigung ausgestellt. Die Anrede „Fräulein" ist absolut unzeitgemäß.
Im zweiten Absatz fällt die Formulierung auf: „Hierbei hatte Fräulein Knapp die Gelegenheit, die wesentlichen Tätigkeiten dieser Bereiche kennenzulernen, um sich ein grundlegendes kaufmännisches Wissen anzueignen." Sie beinhaltet eindeutig eine negative Bewertung, zumal auch im Folgenden – bis auf eine zusammenfassende Leistungsbeurteilung – keine weitere ausführliche Einschätzung zu den Leistungen der Kandidatin gegeben wird.
Die zusammenfassende Leistungsbeurteilung entspricht einer kaum noch ausreichenden Note. Auch in der Verhaltensbeurteilung wird Lisa sehr schlecht bewertet: Nur die Mitarbeiter werden genannt, Vorgesetzte und Kunden aber nicht – diese Auslassung entspricht einer sehr schlechten Note. Ebenso ist der Abschluss sehr dürftig, und die Zukunftswünsche sind nur knapp ausreichend (zu kurz und von der Formulierung her fast schon ironisch).
Auch fehlt eine Bemerkung über den Ort und die Art der erfolgreich abgelegten Abschlussprüfung, wie es bei Ausbildungszeugnissen üblich ist.

Einschätzung
Ein inakzeptables Zeugnis, das eine Bremse für jede weitere Bewerbung ist. Entweder muss eine vollständige Überarbeitung über einen Konsens mit dem Arbeitgeber erfolgen oder eine Klage vor dem Arbeitsgericht durchgeführt werden. Note: mangelhaft.

Arbeitszeugnis

Frau Laura Beier, geb. am 4.8.1996 in Hamburg, hat am 1.9.2012 in unserem Büro eine Ausbildung als Bauzeichnerin begonnen, die sie aufgrund ihrer guten Leistungen am 28.2.2015 vorzeitig und mit erfolgreicher Prüfung bei der IHK in Hamburg beenden konnte.

Im Verlauf der Ausbildungszeit wurde Frau Beier in folgenden Ausbildungsbereichen umfassend und gründlich ausgebildet:
- Handhabung von Zeichengeräten und Hilfsmitteln, Zeichnungsnormen, Normschriften, Anfertigen von Handskizzen und Bleizeichnen, Aufnehmen einfacher Bauteile
- Zeichnen von Projektionen und Konstruieren einfacher Durchdringungen, Rechnen mit Formeln, Tabellen und Rechenschieber, Ermitteln und Aufstellen von Maßen und Baustoffbedarf
- Erstellen von Tabellen und grafischen Darstellungen, Vervielfältigungsarbeiten
- Auswertung von Vermessungsergebnissen
- Ausarbeitung von Zeichnungen für Bauentwürfe mithilfe des CAD-Programms
- Arbeitsvorgänge auf Baustellen, Hilfeleisten beim Vermessen bzw. Aufmaß von Bauteilen

Frau Beier hat ihrer Ausbildung stets reges Interesse und Engagement entgegengebracht und war immer fleißig, pünktlich und ehrlich. Ihr Arbeitsstil zeichnete sich jederzeit durch große Sorgfalt und Genauigkeit aus. Es war ihr immer deutlich anzumerken, dass sie ihren Beruf mit großer Hingabe ausführt. Sie hat sich im Laufe ihrer Ausbildung fundierte Fachkenntnisse angeeignet, die sie in ihrer Arbeit stets erfolgreich einzusetzen wusste. Ihre Arbeitsmenge und ihr Arbeitstempo waren immer überdurchschnittlich.

Frau Beiers Leistungen fanden stets in jeder Hinsicht unsere ausnahmslose Anerkennung.

Sie war wegen ihres freundlichen und kollegialen Umgangs bei Vorgesetzten und Kollegen gleichermaßen sehr beliebt.

Wir hätten Frau Beier gerne als gelernte Bauzeichnerin weiterbeschäftigt. Sie verlässt unsere Firma jedoch auf eigenen Wunsch wegen eines Wohnortwechsels und wird ab 1.4.2015 in unserem Büro in Dresden als Angestellte tätig sein. Mit Bedauern über ihr Ausscheiden danken wir Frau Beier für ihre stets guten Leistungen und wünschen ihr für ihren weiteren beruflichen Werdegang alles Gute, viel Glück und Erfolg.

Hamburg, 1.3.2015

Lothar Vorwerk

Dipl.-Ing. Lothar Vorwerk
Geschäftsführer

Kommentar

Formal sind alle Bestandteile berücksichtigt. Es ist ein ausführliches Zeugnis mit viel Anerkennung und guter Leistungsbeurteilung.

Gleich am Anfang wird die Kandidatin durch das Erwähnen der vorzeitigen Beendigung ihrer Ausbildung indirekt gelobt. Die Tätigkeitsbeschreibung in Form einer Aufzählung ist durchaus üblich, könnte aber auch durch einen zusammenhängenden Text ersetzt werden, wobei die einzelnen Aspekte dann besser zueinander in Beziehung gesetzt werden müssten.

Die Leistungsbeurteilung liest sich sehr gut und enthält viel Lob. Die zusammenfassende Leistungsbeurteilung entspricht einem „sehr gut", ebenso wie die Verhaltensbeurteilung.

Der Abschluss würdigt die Mitarbeiterin. Dank und sehr gute Zukunftswünsche werden ausgesprochen. Da sie bei der gleichen Firma weiter angestellt bleibt, muss sie gute Arbeit leisten.

Einschätzung

Rundum sehr gutes Zeugnis, das sicherlich sehr hilfreich für den weiteren Berufsweg der Kandidatin ist.

Praktikumszeugnis

Erlangen, 30.4.2015

Frau Annika Schütze, geboren am 12.9.1994, war vom 1.10.2014 bis zum 30.4.2015 in meiner Apotheke als Pharmazie-Praktikantin tätig.

Im Rahmen ihres Praktikums hatte Frau Schütze die Gelegenheit, die unterschiedlichsten Aufgabenbereiche in einer Apotheke kennenzulernen und sich an den einzelnen Arbeiten selbstständig zu beteiligen. Zu ihren wichtigsten Aufgaben gehörten die Rezeptur, Defektur, der Handverkauf und die Laborarbeit. Ferner war sie mit der Beratung der Kunden betraut.

Mit Engagement und Interesse hat sich Frau Schütze in diese Aufgabenbereiche eingearbeitet. Sie hat sich vielfältige fachliche Kenntnisse erworben, besonders auf dem Gebiet der anthroposophischen Medizin, und arbeitete effizient und zielstrebig. Die Qualität ihrer Arbeitsergebnisse war stets zufriedenstellend.

Die ihr übertragenden Arbeiten erledigte Frau Schütze zu unserer vollen Zufriedenheit.

Ihr Verhältnis Mitarbeitern und Vorgesetzten gegenüber war vorbildlich.

Der 1. Teil des Praktikums von Frau Schütze endet, wie vereinbart, am 30.4.2015, den 2. Teil ihrer Ausbildung wird sie bei der Firma Weleda-Heilmittel absolvieren.

Wir wünschen ihr für ihre weitere Arbeit alles Gute.

Park-Apotheke

Walter Buschkrug
Inhaber

Kommentar
Obwohl formal alle Bestandteile eines Zeugnisses berücksichtigt sind, ist dies kein befriedigendes Zeugnis.

Die Beschreibung der Tätigkeitsbereiche ist sehr kurz ausgefallen, und die Formulierung des Anfangssatzes ist ungünstig: „... hatte Frau Schütze die Gelegenheit, die unterschiedlichsten Aufgabenbereiche ... kennenzulernen und sich an den einzelnen Arbeiten selbstständig zu beteiligen" – man könnte die Stelle so interpretieren, dass sie die Gelegenheit zwar gehabt, aber nicht genutzt habe, zumal später keine Aussagen über eine selbstständige Arbeitsweise getroffen werden.

Die Leistungsbeurteilung führt den Tenor der Tätigkeitsbeschreibung fort, da die Beschreibungen lediglich einer knapp befriedigenden Benotung entsprechen. Auch die zusammenfassende Leistungsbeurteilung ist nur ein „knapp befriedigend".

Die Verhaltensbeurteilung muss leider ebenfalls als schlecht eingeschätzt werden. Sie werden die Abfolge „Mitarbeiter vor Vorgesetzten" bemerkt haben.

Ebenso dürftig ist der Abschluss: Es fehlt ein Dank, und die Zukunftswünsche sind nicht sehr vorteilhaft formuliert. Die Ausstellungs- und Ausscheidedaten stimmen überein.

Einschätzung
Es ist zu klären, ob der Aussteller die Arbeit und Leistungen der Kandidatin wirklich nur knapp befriedigend einschätzt oder ob er unwissend diese Formulierungen gewählt hat. Wenn Letzteres zutrifft, sollte dieses Zeugnis unbedingt überarbeitet und verbessert werden.

Praktikumszeugnis

Frau Sarah Gruhlich, geb. am 30.3.1991 in Schneverdingen, war vom 1.1.2015 bis zum 31.7.2015 als Praktikantin im Rahmen ihres Kunstgeschichte-Studiums für unsere Behörde tätig.

Sie hat für die Bezirke Mitte und Prenzlauer Berg Stadtteilführungen mit architektonischen, kunst- und kulturhistorischen Themen für spezifische Zielgruppen durchgeführt. Ferner war sie an der Konzeption und Gestaltung von verschiedenen Senatsbroschüren beteiligt. Hierzu zählten die für unsere Reihe »Rundgänge durch Quartiere« geplanten Hefte »Die Hauptstadt. Spaziergänge durch das Regierungsviertel«, »Berlin-Mitte«, »Friedrichshain und Prenzlauer Berg« und »Theaterrundgang«. Für die Broschüre der Ausstellung »Stuck im Berliner Stadtbild«, die im Berlin-Pavillon gezeigt wurde, unterstützte sie unsere Arbeit durch wertvolle Recherche.

Frau Gruhlich hat sich das Wissen über die stadtteilgeschichtlichen Themen vollkommen selbstständig und schnell angeeignet. Sie war stets eine motivierte Mitarbeiterin, die mit hohem Engagement bei der Sache war. Bei der Planung und Gestaltung der Broschüren überzeugte Frau Gruhlich durch große Kreativität und eigenständige Ideen sowie äußerst sorgfältige und gewissenhafte Recherche. Sie besitzt ein fundiertes kunsthistorisches Wissen, das sie stets erfolgreich und gezielt in ihre Arbeit einzubringen wusste. Bei den Führungen zeigte sie pädagogisches Geschick, denn sie verstand es, die kunst- und kulturhistorischen Themen für die verschiedenen Zielgruppen effektiv umzusetzen. Frau Gruhlich erfüllte ihre Aufgaben zu unserer vollsten Zufriedenheit.

Sie war wegen ihrer freundlichen und zuvorkommenden Art stets sehr geschätzt und beliebt bei ihren Vorgesetzten, Kollegen und Teilnehmern.

Das Praktikum endet mit Ablauf der vereinbarten Zeit.

Wir danken Frau Gruhlich für ihre erfolgreiche Mitarbeit und wünschen ihr für ihren Studienabschluss sowie für ihre weitere berufliche Laufbahn viel Glück und Erfolg.

Berlin, 31.7.2015

Senatsverwaltung für Stadtentwicklung,
Umweltschutz und Technologie

Erich Wielandt

Erich Wielandt

Kommentar

Sehr gründliches und detailliertes Zeugnis für eine Praktikumszeit von einem halben Jahr. Alle Bestandteile sind vorhanden. Die Leistung und das Verhalten sind sehr gut beschrieben, die Benotung „zu unserer vollsten Zufriedenheit" entspricht einer 1–2, der Dank und die Zukunftswünsche sogar einem „sehr gut". Die Daten sind in Ordnung. Leider ist die Position des Unterzeichnenden nicht näher erläutert.

Einschätzung

Ein insgesamt sehr positives Zeugnis, das der Kandidatin für ihren Berufsstart nach Beendigung ihres Studiums sehr nützlich sein kann. Der Unterzeichnende sollte aber noch seine Position ergänzen.

TRAINEEZEUGNIS

Frau Katrin Henkel, geb. am 27.6.1982 in Duisburg, trat am 1.8.2014 in unser Unternehmen ein und absolvierte bis zum 31.3.2015 ein Traineeprogramm mit dem Schwerpunkt Marketing.

Ihre Arbeitsaufgaben umfassten in erster Linie die Vorbereitung und Organisation eines Joint Ventures mit einem lettischen Partner zur flächendeckenden Versorgung von Lettland mit pharmazeutischen Produkten. Hierzu gehörten Beratungsleistungen auf den Gebieten Arbeitsgestaltung, Personalwesen, Preispolitik und Unternehmensplanung hinsichtlich der Markterweiterung. Für diese Tätigkeiten war Frau Henkel auch für drei Monate in Lettland vor Ort im Einsatz und konnte sicherlich etliche persönlich wichtige Erfahrungen in einem osteuropäischen Staat sammeln.

Bereits nach einer kurzen Einarbeitungszeit hat Frau Henkel sehr effektiv die Organisation und Planung des Joint Ventures angekurbelt und schließlich entscheidend zum erfolgreichen Start beigetragen. Wir können ihr bestätigen, dass sie ein beachtliches Maß an Eigeninitiative, Verantwortungsbewusstsein und Sorgfalt gezeigt hat. Darüber hinaus verfügt sie über gute Fachkenntnisse, die sie in ihrer Arbeit geschickt einzusetzen wusste. Besonders hervorheben möchten wir auch ihre erhebliche Zuverlässigkeit. Frau Henkel erledigte ihre Aufgaben stets zu unserer vollsten Zufriedenheit.

Wir wünschen ihr für ihre berufliche wie private Zukunft alles Gute.

Köln, 1.4.2015

Alpha Pharma AG

Dr. Winfried Böttcher

Dr. Winfried Böttcher
Marketingleiter

Kommentar

Dieses Zeugnis ist nicht eindeutig einzuschätzen, da einige Formulierungen als negative Bewertung interpretiert werden können. Die zusammenfassende Leistungsbeurteilung entspricht zwar der Note „sehr gut", aber das allein reicht noch nicht aus. Eine Klärung und Überarbeitung ist daher dringend notwendig.

Bei der Tätigkeitsbeschreibung ist der zweite Teil des letzten Satzes stilistisch nicht akzeptabel: „… konnte sicherlich etliche persönlich wichtige Erfahrungen … sammeln" muss umformuliert werden.

Ebenso ist die Wahl des Verbs im ersten Satz des dritten Absatzes für die Sprache eines Zeugnisses unangebracht: Das Verb „ankurbeln" sollte durch „voranbringen" ersetzt werden. Der Satzanfang „Wir können ihr bestätigen, dass …" ist auch negativ konnotiert. Ferner ist es keine große Wertschätzung, wenn der Kandidatin nur „gute Fachkenntnisse" zugesprochen werden, „fundierte" oder „profunde" wären besser. Auch die Beschreibung, dass sie diese geschickt einzusetzen wusste, ist nicht unbedingt positiv zu verstehen. In der gesamten Leistungsbeurteilung fehlen die Füllwörter „stets", „immer" und „jederzeit". Im Gegensatz dazu ist die zusammenfassende Leistungsbeurteilung wiederum sehr gut ausgefallen. Trotzdem bleiben Zweifel, ob sie der Note „sehr gut" wirklich entspricht. Diese werden zusätzlich dadurch verstärkt, dass keine Vehaltensbeurteilung vorgenommen wird. Das geht so nicht!

Weder eine Bedauerns- noch eine Dankesformel werden an den Schluss gesetzt, während Zukunftswünsche ausgesprochen werden.

Einschätzung

Ein dringend zu überarbeitendes Zeugnis, das der Klärung bedarf, ob die gewählten Formulierungen aus der Feder eines ungeübten Zeugnisschreibers stammen oder ob sie absichtlich so gewählt wurden. Um aus diesem Zeugnis insgesamt ein wirklich gutes zu machen, ist eine deutliche Korrektur unabdingbar. So wäre das Traineezeugnis als Schulnote eine glatte Sechs.

Zeugnis

Leverkusen, 15. September 2015

Herr Andreas Milinski, geb. am 11.5.1968 in Gotha, trat am 1.7.2009 als stellvertretender Leiter der Fachabteilung Brandschutz und Öffentliche Sicherheit in das Amt der Stadt Leverkusen ein. Die Vergütung erfolgte nach TVöD 15.

Seit Beginn seiner Beschäftigung im Bereich Brandschutz und Öffentliche Sicherheit war Herr Milinski teilweise selbstständig und eigenverantwortlich für die Umsetzung der Brandschutzbestimmungen in mittleren und Großbetrieben in der Stadt Leverkusen zuständig. Er sollte insbesondere den Leiter der Fachabteilung Brandschutz unterstützen und zeitweise auch vertreten. Darüber hinaus war er für die Weiterentwicklung des Informations- und Kommunikationswesens im Bereich des Feuer- und Katastrophenschutzes sowie im Rettungsdienst verantwortlich. Auch bei Großschadenslagen und Katastrophen fungierte er als technischer Einsatzleiter. Als unmittelbarer Ansprechpartner für die Leiter der freiwilligen Feuerwehren hat er sich immer für ein gutes und erfolgreiches Miteinander von Berufs- und freiwilligen Feuerwehren der Stadt Leverkusen eingesetzt. Außerdem sollte er die Abteilung Einsatz, Ausbildung und Organisation (Berufs- und freiwillige Feuerwehr) leiten. Ihm wurde zudem die Mitarbeit in überregionalen Gremien zugewiesen, und er sollte die Neu- und Umbaumaßnahmen der Feuerwache und der Gerätehäuser in Leverkusen koordinieren.

Herr Milinski verfügt über umfassende Fachkenntnisse als technischer Einsatzleiter bei Großschadensereignissen und Katastrophen. Entscheidungsfreude gepaart mit Verantwortungsbewusstsein und Umsicht zeichnen ihn aus. Wir möchten besonders seine Fähigkeit hervorheben, bei der Durchführung seiner Aufgaben belastbar und zuverlässig zu reagieren.

Herr Milinski hat seine Position stets zu unserer vollsten Zufriedenheit ausgeübt.

Herr Milinski überzeugte fachlich und persönlich. Dies wurde von seinen Vorgesetzten, Kollegen und Mitarbeitern sehr geschätzt.

Auf eigenen Wunsch beendete Herr Milinski zum 31.8.2015 seine Tätigkeit in unserem Amt. Wir danken für die stets sehr gute Zusammenarbeit und bedauern sehr, Herrn Milinski zu verlieren. Für seine Entscheidung, unser Amt zu verlassen, haben wir aber Verständnis.

Amt für Brandschutz und Öffentliche Sicherheit
der Stadt Leverkusen

Horst von Guthard
Horst von Guthard
Amtsleiter

Kommentar zur 1. Version
Dieses Zeugnis ist für eine sechsjährige Beschäftigung in leitender Position zu kurz. Ausstellungs- und Ausscheidedatum sind zu weit auseinander. Die Besoldungsgruppe sollte besser nicht in einem Zeugnis stehen und ist zu streichen.

Die Tätigkeitsbeschreibung ist zwar umfassend, sollte aber überarbeitet werden, da die Reihenfolge der Aufgabennennungen nicht der Rangfolge der Wertigkeiten entspricht: Die Tatsache, dass der Zeugnisempfänger dem Leiter des Amtes unterstand und ihn vertreten musste, müsste an erster Stelle genannt werden. Außerdem enthält die Tätigkeitsbeschreibung gewisse stilistische Mängel. So ist z. B. die Formulierung „Er sollte insbesondere den Leiter der Fachabteilung Brandschutz unterstützen und zeitweise auch vertreten" sehr unpassend und negativ, denn sie sagt nichts darüber aus, ob und wie er dies ausgeführt hat. Die Beschreibung, dass er „teilweise" selbstständig und eigenverantwortlich für die Umsetzung der Brandschutzbestimmungen zuständig war, ist eine nicht zu übersehene Geringschätzung. Ebenso ist die Formulierung „Ihm wurde zudem die Mitarbeit in überregionalen Gremien zugewiesen, und er sollte die Neu- und Umbaumaßnahmen der Feuerwache und der Gerätehäuser in Leverkusen koordinieren" sehr unschön, denn aus ihr kann der Leser auch nicht ersehen, ob der Beurteilte die Mitarbeit wirklich positiv gestaltet und die Neu- und Umbaumaßnahmen tatsächlich gut koordiniert hat. Der Satz „Als unmittelbarer Ansprechpartner für die Leiter der freiwilligen Feuerwehren ..." gehört nicht in die Tätigkeitsbeschreibung, sondern in die Leistungsbeurteilung.

Die Leistungsbeurteilung ist viel zu kurz und nicht sehr positiv. Im ersten Satz sollte das Adjektiv „umfassend" durch „fundiert" ersetzt und vielleicht das Füllwort „stets" ergänzt werden. Generell fehlen die Zeitangaben „stets", „jederzeit" und „immer". Die Formulierung: „Wir möchten besonders seine Fähigkeit hervorheben, bei der Durchführung seiner Aufgaben belastbar und zuverlässig zu reagieren", ist auch sehr unvorteilhaft, denn der Leser könnte denken, dass der Kandidat außer dieser Fähigkeit keine weiteren vorzuweisen hat.

Es fehlen Aussagen zur Führungskompetenz, die bei einer derartigen Position angeführt werden müssen. Die zusammenfassende Leistungsbeurteilung zeichnet den Kandidaten zwar mit einer sehr guten Bewertung aus, wird aber durch die anderen Mängel entwertet. Die Verhaltensbeschreibung entspricht einer sehr guten Beurteilung.

Stilistisch ist es unvorteilhaft, dass die Absätze drei bis fünf jeweils mit „Herr Milinski" anfangen. Also sind auch sprachliche Überarbeitungen erforderlich.

Der Ausscheidungsgrund wird nicht genannt, was Anlass zu Spekulationen gibt. Bedauern und Dank werden ausgesprochen, sind sogar sehr wertschätzend. Die Zukunftswünsche fehlen jedoch.

Einschätzung
Ein Zeugnis, das so nicht angenommen werden kann. Nach Überarbeitung der oben genannten Aspekte könnte ein gutes Zeugnis entstehen, das dann für den beruflichen Werdegang des Kandidaten hilfreich wäre.

Vergleichen Sie die erste Version mit der überarbeiteten Fassung auf der folgenden Seite.

Zeugnis

Leverkusen, 1. September 2015

Herr Andreas Milinski, geb. am 11.5.1968 in Gotha, trat am 1.7.2009 als stellvertretender Leiter der Fachabteilung Brandschutz und Öffentliche Sicherheit in das Amt der Stadt Leverkusen ein.

Die Gemeindefeuerwehr der Stadt Leverkusen mit rund 170.000 Einwohnern gliedert sich in die Berufsfeuerwehr (125 Beamte), freiwillige Feuerwehr (420 Aktive), Jugendfeuerwehr, Musikzug und Altersabteilung.

Herr Milinski war direkt dem Leiter der Fachabteilung unterstellt. Er unterstützte ihn stets sehr erfolgreich und vertrat ihn zeitweise. Zu seinen Aufgaben gehörte die technische Einsatzleitung bei Großschadenslagen und Katastrophen. Ferner leitete er die Abteilung Einsatz, Ausbildung und Organisation (Berufs- und freiwillige Feuerwehr). Seit Beginn seiner Beschäftigung im Bereich Brandschutz und Öffentliche Sicherheit führte Herr Milinski selbstständig und eigenverantwortlich die Umsetzung der Brandschutzbestimmungen in mittleren und Großbetrieben in der Stadt Leverkusen aus. Darüber hinaus trieb er mit außerordentlichem Engagement die Weiterentwicklung des Informations- und Kommunikationswesens im Bereich des Feuer- und Katastrophenschutzes sowie im Rettungsdienst voran. Ebenso arbeitete er in überregionalen Gremien mit und koordinierte die Neu- und Umbaumaßnahmen der Feuerwache und der Gerätehäuser in Leverkusen.

Bereits nach kurzer Zeit arbeitete sich Herr Milinski dank seiner ausgezeichneten Ausbildung erfolgreich in die schwierigen Aufgaben seines Arbeitsplatzes ein. Er bewies jederzeit ein großes Maß an Belastbarkeit und Zuverlässigkeit. Außerordentliches Engagement gepaart mit Verantwortungsbewusstsein und Umsicht zeichneten ihn stets bei der Durchführung seiner umfassenden Aufgaben aus. Herr Milinski verfügt auch über ein umfassendes, fundiertes Fachwissen, das er immer sehr wirksam in seiner Berufspraxis anwendete. Seine Arbeit war stets von ausgezeichneter Qualität.

Unter seiner Mitarbeit ist es gelungen, ein neues, wegweisendes Verfahren der vorbeugenden Brandschutzplanung für Großbetriebe in der Stadt Leverkusen zu installieren. Dieses System ist mittlerweile auch von Brandschutzstellen anderer Städte übernommen worden.

Bei einem Großschadensereignis im letzten Jahr hat Herr Milinski ein äußerst hohes Maß an Stressresistenz und Belastbarkeit bewiesen. Als Einsatzleiter war ihm die Führung von insgesamt sechs Zügen der Berufsfeuerwehr und neun Einheiten der freiwilligen Feuerwehr unterstellt. Ferner hat er bei diesem Einsatz in vorbildlicher Weise die Koordinierung mit den beteiligten Rettungskräften von DRK und ASB bewältigt.

Als unmittelbarer Ansprechpartner für die Leiter der freiwilligen Feuerwehren hat er sich immer für ein gutes und erfolgreiches Miteinander von Berufs- und freiwilligen Feuerwehren der Stadt Leverkusen eingesetzt. Unter seiner Leitung haben sich Leistung und Teamgeist in seinem Verantwortungsbereich innerhalb sehr kurzer Zeit äußerst positiv entwickelt.

Herr Milinski hat seine mit hoher Verantwortung ausgestattete Position stets zu unserer vollsten Zufriedenheit ausgefüllt.

Er überzeugte fachlich und persönlich und wurde von seinen Vorgesetzten, Kollegen und Mitarbeitern sehr geschätzt. Seine Führung war jederzeit vorbildlich.

Auf eigenen Wunsch beendete Herr Milinski zum 31.8.2015 seine Tätigkeit in unserem Amt, um sich beruflich zu verändern. Wir danken für die stets sehr gute Zusammenarbeit und bedauern sehr, Herrn Milinski zu verlieren. Für seine Entscheidung, unser Amt zu verlassen, haben wir aber Verständnis.

Für seinen weiteren beruflichen Werdegang wünschen wir Herrn Milinski alles Gute, viel Glück und Erfolg.

Amt für Brandschutz und Öffentliche Sicherheit
der Stadt Leverkusen

Horst von Guthard

Horst von Guthard
Amtsleiter

Kommentar zur 2. Version

Nach der Überarbeitung stimmt jetzt das Verhältnis zwischen Länge des Zeugnisses und Dauer der Tätigkeit/Art der Position. Es handelt sich nun um ein sehr gutes, vorbildliches Zeugnis. Die Besoldungsgruppe ist nicht mehr erwähnt, die Daten stimmen jetzt nahezu überein.

Die Tätigkeitsbeschreibung ist detaillierter und so aufgebaut, dass die wichtigsten Aufgaben zuerst genannt werden. Die Verben stehen meistens in der Aktivform.

Die Leistungsbeurteilung fällt jetzt viel ausführlicher aus. Alle Aspekte sind berücksichtigt, und sie liest sich äußerst lobend und anerkennend. Am Schluss werden noch zwei besondere Arbeitserfolge hervorgehoben.

Aussagen über die Führungskompetenz sind vorhanden und enthalten viel Wertschätzung. Abschließend wird der Ausscheidungsgrund genannt, Zukunftswünsche wurden ergänzt. Die stilistisch unschönen Absatzanfänge sind verändert worden.

Einschätzung

Nach der Korrektur ein gutes, vorbildliches Zeugnis. Das Wohlwollen wird glaubwürdig ausgedrückt. Dieses Zeugnis ist jetzt für den weiteren Berufsweg des Empfängers sehr hilfreich.

Zeugnis

Frau Tanja Paulich-Ehrhardt, geb. am 17.10.1976 in Melsungen, trat am 1.8.2013 in unser Unternehmen als Mitarbeiterin im Außendienst ein.

Wir sind ein international führender Hersteller von Bürositzmöbeln mit Vertriebsniederlassungen in Deutschland, Österreich und der Schweiz. Ergonometrie und Design als optimale Verbindung zwischen Mensch und Technik bilden bei uns den Schwerpunkt unserer Produktgestaltung und Arbeitsprozesse.

Zunächst wurde Frau Paulich-Ehrhardt in unseren Häusern in München und Frankfurt/Main in einer Einarbeitungsphase auf ihre Aufgaben vorbereitet. Sie vertrat als Vertriebsbeauftragte für Bürositzmöbel die Leistungen unseres Unternehmens im Raum Sachsen-Anhalt und Brandenburg.

Zu ihren Hauptaufgaben gehörte der verantwortliche Ausbau unserer Marktposition auf den Stufen Fachhändler, Endabnehmer und Architekten. Insbesondere strebte Frau Paulich-Ehrhardt an, unsere Lieferanteile bei bestehenden Kunden auszubauen und neue Kunden zu gewinnen. Da sich die Probleme der Kunden immer wieder anders darstellten, wurden an die Flexibilität der Mitarbeiterin hohe Anforderungen gestellt. Frau Paulich-Ehrhardt bemühte sich, diesen Anforderungen jederzeit zu genügen. Neben der Bearbeitung ihres eigenen Verkaufsgebietes war Frau Paulich-Ehrhardt als Verkaufsleiterin für die Einarbeitung, Führung und Unterstützung ihr unterstellter Mitarbeiter zuständig.

Gerne bestätigen wir, dass Frau Paulich-Ehrhardt die Aufgaben ihrer Position zu unserer Zufriedenheit wahrgenommen hat. Ihre Arbeitsergebnisse erfüllten stets unsere Ansprüche.

Aufgrund ihrer untadeligen Persönlichkeit und ihrer unbestrittenen Kooperationsbereitschaft war Frau Paulich-Ehrhardt allseits beliebt. Die Zusammenarbeit mit unseren Kunden gestaltete sich positiv und auch durchaus erfolgreich.

Die Auflösung des Arbeitsverhältnisses erfolgt zum 15.3.2015 in gegenseitigem Einvernehmen. Wir wünschen Frau Paulich-Ehrhardt für die Zukunft das Allerbeste.

Magdeburg, 10.3.2015

Freimüller GmbH

Andreas Schmidt

Andreas Schmidt
Personalbüro

Kommentar
Hier handelt es sich eindeutig um ein mangelhaftes, inakzeptables Zeugnis. Bereits im ersten Satz kommt Geringschätzung zum Ausdruck, indem verschwiegen wird, dass die Zeugnisempfängerin als Verkaufsleiterin im Außendienst tätig war. Dies setzt ihren Rang und ihre Kompetenz deutlich herab.
Bei der Tätigkeitsbeschreibung im vierten Absatz werfen die Verben „anstreben" und „bemühen ... zu genügen" ein negatives Licht auf die Kandidatin. Sie sollten durch „realisieren" und „den Anforderungen gewachsen sein" ersetzt werden. Erst im letzten Satz der Tätigkeitsbeschreibung wird gesagt, dass die Zeugnisempfängerin als Verkaufsleiterin für die ihr unterstellten Mitarbeiter zuständig war. In diesem Zusammenhang wird leider nicht die Anzahl der Mitarbeiter genannt, die für die Führungskompetenz wichtig ist: also wieder eine Herabsetzung der Kandidatin.
Die Leistungsbeurteilung ist viel zu kurz. Der erste Satz bildet gleich die zusammenfassende Leistungsbeurteilung, die etwa der Note „knapp ausreichend" entspricht. Sie beginnt mit der sehr unvorteilhaften Formulierung „Gerne bestätigen wir, dass ...", die zu vermeiden ist. Es fehlt die Beurteilung des Führungsverhaltens.
Der Verhaltensbeurteilung kommt wieder die Benotung „knapp ausreichend" zu. Formulierungen wie „untadelige Persönlichkeit" und „unbestrittene Kooperationsbereitschaft" bergen etwas Negatives in sich, da negative Ausdrücke verwendet werden, um etwas Positives auszusprechen.
Der Abschluss: „Die Auflösung des Arbeitsverhältnisses erfolgt zum 15.3.2015 in gegenseitigem Einvernehmen" wirkt unglaubwürdig bzw. geschönt. Die fehlende Bedauerns-Dankes-Formel weist darauf hin, dass man diese Mitarbeiterin nicht sehr geschätzt hat. Die guten Wünsche am Ende klingen übertrieben und unglaubwürdig und vermitteln im Zusammenhang mit allen anderen Negativpunkten deutlich den Eindruck, dass man diese Mitarbeiterin loswerden will. Die Differenz zwischen Ausstellungs- und Ausscheidedatum unterstreicht dies. Der Unterzeichner ist in seiner Kompetenz nicht ausreichend ausgewiesen.

> **Einschätzung**
> Absolut mangelhaftes Zeugnis, das vollständig zu überarbeiten ist – wenn nicht in gegenseitigem Einvernehmen, dann möglicherweise durch eine Klage vor dem Arbeitsgericht.

Unter **www.berufsstrategie-exakt.de** finden Sie eine verbesserte Version dieses Zeugnisses.

Hier eine Übersicht von Beendigungsgründen von vorteilhaft hin zu eher unvorteilhaft:

… verlässt unser Unternehmen auf eigenen Wunsch, um sich anderen Aufgaben zu stellen …
… verlässt unser Unternehmen, um sich einer neuen Herausforderung zu stellen …
… endet betriebsbedingt …
… endet im besten beiderseitigen Einvernehmen …
… endet im beiderseitigen Einvernehmen …
… endet im gegenseitigen Einvernehmen …
… endet mit dem heutigen Tag (krummes Datum) …

Zeugnis

Bremerhaven, 1.8.2015

Frau Melanie Seidel, geboren am 28.4.1977 in Frankfurt/Main, war vom 1.6.2013 bis zum 31.7.2015 als Leiterin für die Stadtbibliothek Bremerhaven tätig.

Das System der Einrichtung umfasst eine Zentralbibliothek mit Erwachsenen-, Kinder- und Musikabteilung sowie zwei Stadtteilbibliotheken mit einem Gesamtbestand von 240.000 Medieneinheiten.

Zu ihren Hauptaufgaben gehörten:
- Bearbeitung der Fernleihe
- Bearbeitung der Bibliothekskorrespondenz
- Telefondienst der Bibliothek
- Formalkatalogisierung des Bestandes nach RAK
- Inventarisierung der Bibliotheksbestände
- Aktualisierung und Ergänzung des vorhandenen Buchbestandes
- Sachkatalogisierung des Bibliotheksbestandes
- Betreuung neuer Medien
- Bestandsaufnahme und Bestellung neuer Bücher
- Fachauskunft und Beratung der Bibliothekskunden bei der Medienauswahl
- Durchführung von Bibliotheksführungen für einzelne Kunden und Gruppen
- Ergänzung des Wissensangebotes durch weiterführende Informationen und Veranstaltungen
- Öffentlichkeitsarbeit der Stadtbibliothek
- Verwaltungsführung der Stadtbibliothek
- Umstellung der Bibliotheksverwaltung auf EDV (Bibliothekssystem »SISIS«)

- Durchführung von Kooperationsprojekten im Schul- und Kulturbereich
- Anleitung und Betreuung der ihr unterstellten Bibliothekare und anderer Bibliotheksmitarbeiter

Stets zeigte Frau Seidel eine gute Einsatzbereitschaft, wobei ihre optimistische Haltung auch in schwierigen Arbeitssituationen sehr motivierend wirkte. Sie zeigte sich den Anforderungen und Belastungen ihres Arbeitsbereiches stets gut gewachsen. Wir können bestätigen, dass die Arbeit von Frau Seidel stets hohe Ansprüche erfüllte. Sie ist weiterbildungsmotiviert und hat sich in eigener Initiative neben ihrem beruflichen Engagement mit guten Ergebnissen in der EDV-gestützten Bibliotheksverwaltung weitergebildet. Die Leistungen von Frau Seidel verdienen unsere ganze Anerkennung.

Frau Seidels Kooperation mit Vorgesetzten, Kollegen und Mitarbeitern war gut. Auch von unseren Bibliothekskunden wurde sie geschätzt.

Frau Seidel trennt sich zum 31.7.2015 von unserer Stadtbibliothek aus eigenem Entschluss. Mit Bedauern über ihr Ausscheiden danken wir Frau Seidel für ihre guten Leistungen.

Magistrat der Stadt Bremerhaven

Christoph Kümmerling
Personalamt

Kommentar zur 1. Version

Bei diesem Zeugnis fällt als Erstes die äußerst lange Auflistung der Tätigkeiten ins Auge. Nach genauerer Betrachtung des gesamten Zeugnisses fragt sich der Leser, was hier wohl nicht stimmte.

Für eine Führungskraft sollte eine Auflistung der Tätigkeiten eher mit einem Einleitungssatz wie folgt beginnen: „Der Wirkungs- und Verantwortungsbereich von Frau XY umfasste im Wesentlichen die selbstständige Erledigung folgender Schwerpunktaufgaben: ..." oder „Hauptaufgaben in dieser mit großem Gestaltungsspielraum und Eigenverantwortung ausgestatteten Position waren: ...". Die gesamte Aufgabenbeschreibung ist nichtssagend und undifferenziert. Die Reihenfolge der genannten Tätigkeiten entspricht nicht der Rangfolge. Des Weiteren werden hier Aufgaben genannt, die für eine Führungskraft selbstverständlich und unwesentlich sind, wie z. B. „Telefondienst der Bibliothek" oder „Inventarisierung der Bestände". Insgesamt ist die Aufgabenbeschreibung dringend zu überarbeiten und entsprechend dem jeweiligen Rang der Aufgaben und der Kompetenz einer Führungskraft umzuformulieren.

Die Leistungsbeurteilung enthält immerhin Aussagen über die Arbeitsbereitschaft, -befähigung und -erfolge, die einer noch guten Bewertung entsprechen, auch wenn sie sehr kurz sind. Leider kommt hier die unschöne Einleitung „Wir können bestätigen, dass ..." im letzten Satz vor, die dringend zu vermeiden ist, da der Eindruck entstehen kann, dass die Mitarbeiterin dem Arbeitgeber diese Aussage abgerungen hat. Danach folgt ein Satz über die Weiterbildungsmotivation mit der Note „knapp befriedigend". Das Führungsverhalten wird dagegen nicht angesprochen. Der Leser erfährt auch nicht, wie viele Mitarbeiter dieser Führungskraft unterstellt waren. Im Schlusssatz wird die zusammenfassende Leistungsbeurteilung mit einer noch befriedigenden Bewertung abgegeben.

Das Verhalten wird nur sehr kurz dargelegt. Die Beschreibung entspricht einem „knapp befriedigend".

Im Abschluss deutet die Formulierung „trennt sich aus eigenem Entschluss" auf die Möglichkeit hin, dass es sich hier um eine vom Arbeitgeber geforderte Eigenkündigung handelt. Ein kurzer Dank und Bedauern werden ausgesprochen, es fehlen aber jegliche Zukunftswünsche. Die Position des Unterzeichnenden wird auch nicht angegeben.

Einschätzung
Ein rundum unbefriedigendes Zeugnis, das einer Führungskraft nicht gerecht wird. Die Tätigkeitsbeschreibung sowie die anderen angesprochenen Aspekte sind zu korrigieren. In dieser Form ist das Zeugnis mit Sicherheit ein Stolperstein für zukünftige Bewerbungen.

Vergleichen Sie die erste Version mit der überarbeiteten Fassung auf der folgenden Seite.

Zeugnis

Bremerhaven, 1.8.2015

Frau Melanie Seidel, geboren am 28.4.1977 in Frankfurt/Main, war in unserer städtischen Einrichtung vom 1.6.2013 bis zum 31.7.2015 als Leiterin für die Stadtbibliothek Bremerhaven tätig.

Das System der Einrichtung umfasst eine Zentralbibliothek mit Erwachsenen-, Kinder- und Musikabteilung sowie zwei Stadtteilbibliotheken mit einem Gesamtbestand von 240.000 Medieneinheiten.

Der Wirkungs- und Verantwortungsbereich von Frau Seidel umfasste im Wesentlichen die selbstständige Erledigung folgender Schwerpunktaufgaben:

- die Anleitung und Betreuung der ihr unterstellten bis zu 8 Bibliothekare und bis zu 10 weiteren Bibliotheksmitarbeiter
- Durchführung von Kooperationsprojekten im Schul- und Kulturbereich
- Ergänzung des Wissensangebotes durch weiterführende Informationen und Veranstaltungen
- Öffentlichkeitsarbeit der Stadtbibliothek
- Durchführung von Bibliotheksführungen für wichtige Kundengruppen
- Betreuung neuer Medien
- Verwaltungsführung der Stadtbibliothek

Frau Seidel zeigte von Beginn an eine überdurchschnittliche gute Einsatzbereitschaft, wobei ihre optimistische Haltung auch in schwierigen

Arbeitssituationen auf alle Fachkräfte immer wieder sehr motivierend wirkte. Den vielfältigen Anforderungen und Belastungen ihres Arbeitsbereiches war sie jederzeit gut gewachsen. Ihre Arbeitsergebnisse erfüllten stets die an sie gestellten hohen Erwartungen im vollen Umfang. Besonders hervorzuheben sind ihre Verdienste bei der Umstellung der Bibliotheksverwaltung auf ein neues EDV-System (Bibliothekssystem SISIS), die ihr sehr effizient gelang.

Bei Frau Seidel handelt es sich um eine hoch weiterbildungsmotivierte Führungskraft, die sich in eigener Initiative neben ihrem beruflichen Engagement stets mit guten Ergebnissen in der EDV-gestützten Bibliotheksverwaltung weitergebildet hat. Die Leistungen von Frau Seidel verdienen unsere ganze Anerkennung. Ihre Personalleitungsqualitäten sind durch einen fördernden und fordernden guten und jederzeit fairen Umgang mit den Mitarbeitern gekennzeichnet.

Frau Seidels Kooperation mit Vorgesetzten, Kollegen und Mitarbeitern war gut. Auch von unseren Bibliothekskunden wurde sie geschätzt.

Frau Seidel trennt sich zum 31.7.2015 von unserer Stadtbibliothek aus eigenem Entschluss. Mit Bedauern über ihr Ausscheiden danken wir Frau Seidel für ihre stets guten Leistungen und wünschen ihr für ihren beruflichen und persönlichen Lebensweg alles Gute und weiterhin viel Erfolg.

Magistrat der Stadt Bremerhaven

Christoph Kümmerling
Personalamt

Kommentar zur 2. Version
Nach der Überarbeitung ist dieses Zeugnis präzise und deutlich besser strukturiert. Nicht nur durch die knappere Aufzählung der wichtigsten Aufgaben wirkt es jetzt positiv, glaubwürdig und damit unverfänglich. Natürlich kann man sich alles noch viel besser, noch ausführlicher getextet vorstellen. Aber aus dem No-Go ist jetzt ein ganz zufriedenstellendes, gutes Arbeitszeugnis geworden.

Negativ fällt jedoch auf, dass die Funktion des Ausstellers und Unterzeichners noch immer nicht benannt wird.

Einschätzung
Ein glaubwürdiges, durchschnittlich gutes und damit ordentliches Arbeitszeugnis!

Arbeitszeugnis

Frau Anja Jentsch, geb. am 14.11.1967 in Crailsheim, führte vom 1.10.2011 bis zum 31.5.2015 als Niederlassungsleiterin unser Depot in Saarbrücken.

Die Globus Versand Agentur ist ein zunehmend wachsendes Dienstleistungsunternehmen, das Warensendungen von verschiedenen Versandhäusern bundesweit mit firmeneigenen Fahrzeugen zustellt.

Frau Jentsch war mit der Leitung des Depots betraut, um unter Berücksichtigung kostenrelevanter Einflussfaktoren optimale betriebswirtschaftliche Resultate zu erzielen. Sie stellte die Sauberkeit im Unternehmen sicher und sorgte für die Verkehrs- und Betriebssicherheit des gesamten Fuhrparks. Ferner war sie für die intensive Einarbeitung, Aus- und Weiterbildung aller Mitarbeiter zuständig. Sie wählte selbstständig neue Mitarbeiter aus und schloss befristete und unbefristete gewerbliche Arbeitsverträge ab. Darüber hinaus musste sie die Touren unter Berücksichtigung eines kostenoptimalen Fahrzeugeinsatzes effizient planen. Ihr oblag die Führung und Kontrolle von über 50 Mitarbeitern, deren Aktivitäten, Motivation und Fähigkeiten sie fördern und für das Unternehmen nutzbar machen sollte. Ihre Hauptaufgabe war also die kundenfreundliche, servicegerechte und produktive Verwirklichung der Dienstleistungsangebote der Globus Versand Agentur durch das Depot-Team.

Aufgrund ihrer langjährigen Branchenerfahrung arbeitete sich Frau Jentsch in kürzester Zeit sehr wirksam in die betrieblichen und fachlichen Belange ein. Ihr Arbeitsstil war durch herausragende Einsatzbereitschaft und ausgeprägte Eigeninitiative gekennzeichnet. Sie führte ihre Aufgaben jederzeit zielstrebig und umsichtig aus und erzielte dadurch optimale Lösungen.

Frau Jentsch handelte unternehmerisch und genoss das uneingeschränkte Vertrauen der Vorgesetzten. Ihr Verhalten gegenüber der Unternehmensleitung war immer loyal. Wegen ihrer aktiven und kooperativen Wesensart war Frau Jentsch bei Vorgesetzten, Kollegen und Kunden gleichermaßen sehr anerkannt und geschätzt.

Frau Jentsch verlässt unser Unternehmen auf eigenen Wunsch, um einige Jahre im Ausland ihre Erfahrungen zu erweitern. Mit Bedauern über ihr Ausscheiden danken wir Frau Jentsch für ihre stets sehr guten Leistungen. Wir wünschen ihr auf ihrem weiteren Berufs- und Lebensweg alles Gute.

Saarbrücken, 31.5.2015

Globus Versand Agentur

Dr. Heribert Fläming
Dr. Heribert Fläming
Geschäftsführer

Kommentar

Trotz einiger guter Ansätze durch lobende Beurteilung und wertschätzende Schlussbemerkungen ist dieses Zeugnis nicht akzeptabel, da es formale und stilistische Mängel enthält.

Insbesondere die Tätigkeitsbeschreibung kann man in dieser Form nicht annehmen. Sie ist zwar detailliert, aber unwesentliche Aufgaben werden vor wesentlichen genannt. Die Reihenfolge muss dringend geändert werden. Der stilistisch schlechte Schlusssatz in diesem Absatz sollte nach dem ersten Satz folgen, allerdings umformuliert: „Sie verwirklichte die Dienstleistungsangebote durch das Depot-Team kundenfreundlich, servicegerecht und effizient." Dass Frau Jentsch die Sauberkeit im Unternehmen sicherstellte, darf – wenn überhaupt – erst weiter am Schluss aufgeführt werden. In der gesamten Tätigkeitsbeschreibung kommen selten Verben in der Aktivform vor. Modalverben wie „müssen" und „sollen" sind im Zeugnis zu vermeiden, denn sie sagen nichts darüber aus, ob und wie die Zeugnisempfängerin die Tätigkeiten ausgeführt hat.

Die Leistungsbeurteilung kommt viel zu kurz, auch wenn die wenigen Äußerungen recht positiv ausfallen. Eine zusammenfassende Leistungsbewertung fehlt.

Die Beurteilung von Führungsleistung und -verhalten fehlt. Die Verhaltensbeurteilung ist dagegen umfassend und sehr gut. Der Ausscheidungsgrund wird deutlich genannt und Bedauern, Dank und Zukunftswünsche werden mit viel Lob ausgesprochen.

Einschätzung

In dieser Form ist es kein annehmbares Zeugnis wegen formaler und stilistischer Mängel. Da die Aussagen über die Leistung und die Schlussbemerkungen sehr wertschätzend ausfallen, ist anzunehmen, dass die sonstigen Mängel auf einen ungeübten Zeugnisschreiber zurückzuführen sind. Daher sollte die Kandidatin dringend in einem Gespräch mit dem Arbeitgeber auf Fehler hinweisen und um Korrekturen und Ergänzungen bitten.

Zeugnis

Herr Frank Wiesner, geboren am 23.5.1969 in Zweibrücken, trat am 1. April 2009 als Referent Personalentwicklung für die Niederlassung Kassel in unser Unternehmen ein. Vom 1. Juni 2012 bis zum 30. Juni 2015 war Herr Wiesner als Personalleiter für die Niederlassung Erfurt tätig.

Zu seinen Aufgaben gehörten zunächst die Umsetzung von vorhandenen Personalentwicklungsmaßnahmen, die Entwicklung zeitgemäßer und bedarfsgerechter Perso erfolgreich Bedarfsanalysen im Bereich Aus- und Weiterbildung durch und plante mit großer Effektivität entsprechende Maßnahmen. Schon während dieser Zeit war die Arbeit von Herrn Wiesner stets von ausgezeichneter Qualität.

Mit Wirkung zum 1. Juni 2012 wurde Herr Wiesner zum verantwortlichen Personalleiter unserer Niederlassung in Erfurt ernannt. Er war dieser für ihn neuen Aufgabe voll gewachsen und arbeitete sich sehr schnell und umfassend in die spezifischen Belange unserer Niederlassung in Erfurt ein. Neben der Leitung der Personalabteilung, die aus acht Mitarbeitern bestand, umfasste der Verantwortungs- und Wirkungsbereich von Herrn Wiesner im Wesentlichen folgende Schwerpunktaufgaben: die Beratung von Geschäftsführung, Führungskräften und Mitarbeitern in allen auftretenden Belangen, die Zusammenarbeit mit den betriebsverfassungsrechtlichen Gremien sowie konzeptionelle Aufgaben in Personalfragen. Die von ihm geführte Personalabteilung deckte folgende Bereiche der Personalarbeit ab: Personalbeschaffung und -auswahl, Personalbetreuung, -verwaltung, -abrechnung, -entwicklung, Weiterbildung, Führungskräfteförderung sowie Verbandsarbeit.

In seiner Funktion war Herr Wiesner leitender Angestellter und berichtete an den Sprecher der Geschäftsführung.

Herr Wiesner identifizierte sich sehr stark mit seinen Arbeitsaufgaben und den Unternehmenszielen. Seine Fach- und Leistungskompetenz war stets und in jeder Hinsicht sehr gut. Er erwarb sich im Laufe seiner Tätigkeit außerordentlich umfassende Kenntnisse im Arbeits- und Betriebsverfassungsrecht, die er auch sehr erfolgreich anzuwenden wusste. Seine Zusammenarbeit mit den betriebsverfassungsrechtlichen Gremien war unternehmenszielorientiert und stets mit der Absicht verknüpft, zwischen den Interessen aller Beteiligten eine jeweils ausgewogene Lösung zu finden. In seiner Verantwortung geschlossene Betriebsvereinbarungen ermöglichten immer einen Handlungsspielraum für das Unternehmen.

Im Laufe seiner Tätigkeit war Herr Wiesner für ca. 60 Einstellungen mitverantwortlich. Er führte über 700 Einstellungsgespräche und war maßgeblich an der Einstellungsentscheidung beteiligt. Bis heute musste keine dieser Entscheidungen revidiert werden. Im letzten Jahr mussten wir uns wegen einer deutlichen wirtschaftlichen Rezession von fast 10 Prozent unserer Belegschaft trennen. Unter der Verantwortung von Herrn Wiesner konnte dieser Personalabbau innerhalb kurzer Zeit in Zusammenarbeit mit den betriebsverfassungsrechtlichen Gremien zeitgerecht und sozial wie menschlich verträglich durchgeführt werden.

Herr Wiesner ist ein äußerst engagierter, zuverlässiger und aktiver Mitarbeiter, der sich durch Kreativität und Durchsetzungsvermögen auszeichnet. Er zeigte bei seinen Arbeitsaufgaben sehr hohen persönlichen Einsatz und hervorragende Leistungen, sowohl in qualitativer als auch quantitativer Hinsicht. Herr Wiesner führte in seiner Personalabteilung acht Mitarbeiter. Durch seine verbindliche, aber bestimmte Art hatte er ein ausgezeichnetes Verhältnis zu seinen Mitarbeitern. Dies führte zu einem sehr produktiven Arbeits- und Betriebsklima.

Wir waren mit den Leistungen von Herrn Wiesner stets außerordentlich zufrieden.

Herrn Wiesners Verhalten gegenüber der Unternehmensleitung, seine Integration im Kollegium und sein offener Zugang zu den Mitarbeitern waren stets vorbildlich. Besonders hervorzuheben ist bei ihm die Fähigkeit, bei diffizilen Entscheidungen den Konsens zu suchen und zu finden.

Herr Wiesner verlässt unser Unternehmen am heutigen Tag, um sich beruflich zu verändern.

Wir bedauern, in Herrn Wiesner eine ausgezeichnete Führungskraft zu verlieren, und danken ihm für die stets vorbildliche Leistung im Bereich Personalwesen. Für seinen weiteren beruflichen Werdegang wünschen wir ihm alles Gute, viel Glück und weiterhin Erfolg.

Erfurt, 1. Juli 2015

Naumann AG

Dr. Reinhard Atteslander
Geschäftsführung

Dr. Thomas Stolpe-Herzog
Geschäftsführung

Kommentar

Ein ausführliches und sehr gutes Zeugnis mit viel Lob und Wertschätzung, in dem die Entwicklung innerhalb des Betriebes deutlich beschrieben wird. Alle Zeugnisbestandteile sind vorhanden.

Die Tätigkeitsbeschreibung ist mit der Leistungsbeurteilung im fünften und siebten Absatz vermischt. Es werden aber zu allen Aspekten der Leistungsbeurteilung Aussagen getroffen. Auch das Führungsverhalten wird dargelegt. Alle Beschreibungen entsprechen einer sehr guten Benotung.

Die zusammenfassende Leistungsbeurteilung mit der Note „sehr gut" ist deutlich hervorgehoben. Der Zeugnisabschluss ist ebenfalls sehr lobend, die Daten (Ausstellungs- und Ausscheidedatum) sind fast kongruent.

Einschätzung

Insgesamt ein außerordentlich gutes Zeugnis mit viel Lob und Wertschätzung.

Arbeitszeugnis

Frau Dr. Claudia Unger, geb. am 7.4.1972 in Adelebsen, war in der Zeit vom 1.10.2009 bis zum 30.9.2012 als Leiterin des Forschungsreferates der Universität Göttingen tätig. Seit 1.10.2012 wurde ihr zusätzlich die Leitung des Präsidialamtes übertragen.

Schwerpunkte im Ziel- und Aufgabenspektrum von Frau Dr. Unger waren:
- Unterstützung und Beratung des Präsidenten und des Vizepräsidenten bei ihren vielfältigen hochschulpolitischen, akademischen und repräsentativen Aktivitäten
- Geschäftsführung inneruniversitärer Kommissionen und Arbeitsgruppen sowie außeruniversitärer Institutionen
- Forschungsförderung, Programmabwicklung, Projektbetreuung
- Abwicklung der forschungsbezogenen Programme des Landes, Bundes und der EU sowie öffentlicher wie privater Fördereinrichtungen, Betreuung einzelner Projekte
- Konzeptionelle Mitwirkung an der Universitätsplanung in Forschung und Lehre in Zusammenarbeit mit den zuständigen Universitätsgremien, Fachbereichen, Fächern und Abteilungen
- Sachbearbeitung von Forschungsangelegenheiten
- Mitwirkung bei der Einwerbung von Drittmitteln und Stiftungsprofessuren
- Kontaktpflege mit allen relevanten forschungsbezogenen Institutionen innerhalb und außerhalb der Universität

Bereits nach kurzer Zeit hatte sich Frau Dr. Unger einen guten Überblick und eine ebenso große Einsicht in die Probleme der Universität angeeignet. Ihre Arbeitsweise ist von sehr hoher Effizienz gekennzeichnet. Stets zeigte sie eine gute Einsatzbereitschaft, wobei ihre optimistische Haltung auch in schwierigen Arbeitssituationen sehr motivierend wirkte. Sie bewies ein gutes analytisch-konzeptionelles und zugleich pragmatisches Denk- und Urteilsvermögen. Außerdem bearbeitete und löste Frau Dr. Unger alle Problemstellungen ihres Aufgabengebietes sehr selbstständig, systematisch und sorgfältig. Ihre Arbeit erfüllte stets hohe Ansprüche.

Frau Dr. Unger hat in hohem Maße zu der äußerst erfolgreichen Drittmittel-Einwerbung der Universität beigetragen. Darüber hinaus hat sie mit beachtlichem Erfolg den internationalen Erfahrungsaustausch unserer Universität gefördert.

Frau Dr. Unger ist sehr weiterbildungsmotiviert und hat sich in eigener Initiative neben ihrem großen beruflichen Engagement mit enormem Einsatz und guten Ergebnissen in verschiedenen Kursen über Haushalt und Finanzen, Personalwesen, EDV und europäische Forschungsförderung weitergebildet.

Wir waren mit den Leistungen von Frau Dr. Unger stets sehr zufrieden.

Frau Dr. Unger konnte fachlich und persönlich überzeugen und erwarb sich Anerkennung und Wertschätzung ihrer Vorgesetzten, Kollegen und Mitarbeiter.

Auf eigenen Wunsch beendete Frau Dr. Unger zum 31.12.2014 ihre Tätigkeit bei uns, um sich neuen beruflichen Aufgaben zu stellen. Wir danken ihr für die stets gute Zusammenarbeit und bedauern sehr, Frau Dr. Unger zu verlieren. Für ihren weiteren beruflichen Werdegang wünschen wir ihr alles Gute und weiterhin viel Erfolg.

Göttingen, 8.4.2015

Georg-August-Universität Göttingen

Prof. Dr. Rudolf Zinnow

Kommentar

Ein im Ansatz wirklich ordentliches Zeugnis, das in einigen Punkten jedoch verbessert werden muss.

Als Erstes fällt das sehr späte Ausstellungsdatum auf. Dies ist zu ändern, wenn möglich, da ein Zeugnis nicht später als 1 bis 2 Tage nach dem Ausscheiden des Arbeitnehmers ausgestellt werden sollte. Im universitären Bereich ist eine so späte Ausstellung jedoch leider oft üblich.

Die Tätigkeitsbeschreibung ist zwar umfassend, könnte aber differenzierter ausfallen. Es wird nicht unterschieden, welche Aufgaben die Kandidatin als Leiterin des Forschungsreferates und welche später als Leiterin des Präsidialamtes durchgeführt hat.

Bis auf die Führungsleistung und -erfolge sind alle Zeugnisbestandteile enthalten. Da der Leser nichts über die Anzahl der Mitarbeiter erfährt, die der Kandidatin unterstellt sind, und wie sie diese geführt hat, ist dieser Aspekt noch zu ergänzen. Es handelt sich in diesem Punkt wahrscheinlich nicht um absichtliches „beredtes Schweigen", wenn man sich die sonstige Beurteilung ansieht. Vielleicht wurde er einfach vergessen.

Die Beurteilung ist in allen Aspekten der Leistung und des Verhaltens gut. Der Zeugnisabschluss enthält ebenfalls viel Lob. Leider fehlt die Position des Unterzeichners.

Einschätzung

Ein im Ansatz wirklich gutes Zeugnis mit kleinen Mängeln, die aber leicht zu verbessern sind.

ZEUGNIS

Herr Olaf Döhler, geboren am 6.6.1971 in Husum, war in der Zeit vom 1.10.2013 bis zum 31.3.2015 als Kurdirektor bei der Stadt Bad Salzuflen tätig.

Die Kurverwaltung von Bad Salzuflen ist als städtischer Eigenbetrieb organisiert. Sie beschäftigt im Jahresdurchschnitt ca. 60 Festangestellte bzw. Saisonmitarbeiter/-innen in den Abteilungen Allgemeiner Kurbetrieb mit Verwaltung und Gästeinformation, Werbearbeit, Veranstaltungsbereich, Zimmervermittlung, Kurmittelhaus und Thermal- und Solequellbad.

Herr Döhler leitete die Kurverwaltung. Zu seinen Aufgaben gehörten insbesondere:
- Planung und Durchführung von kulturellen Veranstaltungen und Ausstellungen
- Herstellung und Betreuung des umfangreichen Gastgeberverzeichnisses und anderer Werbeunterlagen
- Führung der Gästeinformation des Kurortes
- Wahrnehmung der fremdenverkehrspolitischen Interessen des Kurortes Bad Salzuflen in regionalen und überregionalen Fachverbänden und Institutionen
- Weiterentwicklung und Konzeption der städtischen Fremdenverkehrsangebote (Stadtführungen, Pauschalangebote, Gruppenreisen, Ausflugsfahrten, Wander- und andere Sportangebote)
- Presse- und Öffentlichkeitsarbeit im In- und Ausland (Präsentation des Kurortes auf Messen und Workshops)
- Verwaltung und Pflege der computergesteuerten Zimmernachweisanlage bei gleichzeitigem Ausbau eines Reservierungsprogramms

- Kontaktpflege mit anderen Unternehmen der Fremdenverkehrswirtschaft, dienstlichen Einrichtungen, Ministerien, Forschungseinrichtungen und anderen Verwaltungen des Fremdenverkehrs
- Führung der Verwaltung des allgemeinen Kurbetriebes mit Kurmittelhaus und Thermal- und Solequellbad.

Im Werbeausschuss des Nordrhein-Westfälischen Heilbäderverbandes, im Verband Heilklimatischer Kurorte Deutschlands und im Fremdenverkehrsausschuss der Industrie- und Handelskammer von Bielefeld vertrat Herr Döhler die Interessen unseres Kurortes.

Herr Döhler verfügt über ein gutes Fachwissen, das er in den vielfältigen Arbeitsbereichen umzusetzen wusste. Er zeigte auch Einsatzbereitschaft und passte sich neuen geschäftlichen Situationen ohne Schwierigkeiten an.

Herr Döhler verfügt als Kurdirektor über eine natürliche Autorität.

Die Leistungen von Herrn Döhler verdienen unsere Anerkennung.

Herrn Döhlers Kooperation mit Vorgesetzten, Kollegen und Mitarbeitern war zufriedenstellend.

Auf eigenen Wunsch beendete Herr Döhler zum 31.3.2015 seine Tätigkeit bei uns.

Bad Salzuflen, 1.4.2015
Staatlich anerkanntes Heilbad

Brauer

L. Brauer
Bürgermeister

Kommentar zur 1. Version

Ein äußerst unbefriedigendes, mangelhaftes Zeugnis, das entweder auf Spannungen im Verhältnis zwischen Arbeitgeber und -nehmer schließen lässt oder auf wirklich schlechte Leistungen.

Nach einem akzeptablen Einstieg werden die Tätigkeiten in einer Auflistung ziemlich unstrukturiert aufgeführt. Sie sind nicht in der Reihenfolge der Wertigkeit angegeben. So sollten z. B. die ersten drei Punkte nicht am Anfang stehen, da sie nicht zu den bedeutendsten Aspekten gehören. Die Aspekte „Führung der Verwaltung" und „Weiterentwicklung und Konzeption der städtischen Fremdenverkehrsangebote" müssten dagegen an den Anfang gestellt werden.

Im nächsten Absatz geht es um die Mitarbeit des Kandidaten in verschiedenen Gremien, doch es wird nichts über die Qualität der Mitarbeit gesagt – weder an dieser Stelle noch später.

Die Leistungsbeurteilung ist viel zu kurz, von der Benotung her ist sie „kaum ausreichend". Nur ein einziger Satz beschreibt das Führungsverhalten. Da diese Beschreibung allein steht, lässt sie auf Führungsmängel schließen. Eine zusammenfassende Leistungsbeurteilung ist vorhanden, ebenfalls eine sehr kurze Verhaltensbeurteilung. Beide entsprechen der Note „gerade noch ausreichend".

Der Zeugnisschluss ist sehr minimalistisch. Es wird nur gesagt, dass der Kandidat auf eigenen Wunsch seine Tätigkeit beendet. Gründe werden keine genannt und Dank sowie Zukunftswünsche fehlen völlig.

Ausstellungs- und Ausscheidedatum stimmen nahezu überein. Die Position des Unterzeichners ist korrekt ausgewiesen.

> **Einschätzung**
> Ein inakzeptables, mangelhaftes Zeugnis, das einer unbedingten Klärung bedarf. Falls eine gütliche Einigung nicht möglich ist, sollte der Kandidat eine Klage vor dem Arbeitsgericht in Erwägung ziehen.

Vergleichen Sie die erste Version mit der überarbeiteten Fassung auf der folgenden Seite.

ZEUGNIS

Herr Olaf Döhler, geboren am 6.6.1971 in Husum, war in der Zeit vom 1.10.2013 bis zum 31.3.2015 als Kurdirektor bei der Stadt Bad Salzuflen tätig.

Die Kurverwaltung von Bad Salzuflen ist als städtischer Eigenbetrieb organisiert. Sie beschäftigt im Jahresdurchschnitt ca. 60 Festangestellte bzw. Saisonmitarbeiter/-innen in den Abteilungen Allgemeiner Kurbetrieb mit Verwaltung und Gästeinformation, Werbearbeit, Veranstaltungsbereich, Zimmervermittlung, Kurmittelhaus und Thermal- und Solequellbad.

Neben der Gesamtleitung der Kurverwaltung und des Thermal- und Solequellbades gehörten zu Herrn Döhlers besonderen Aufgaben:

- Wahrnehmung der fremdenverkehrspolitischen Interessen des Kurortes Bad Salzuflen in regionalen und überregionalen Fachverbänden und Institutionen
- Weiterentwicklung und Konzeption der städtischen Fremdenverkehrsangebote (Stadtführungen, Pauschalangebote, Gruppenreisen, Ausflugsfahrten, Wander- und andere Sportangebote)
- Presse- und Öffentlichkeitsarbeit im In- und Ausland (Präsentation des Kurortes auf Messen und Workshops)
- Kontaktpflege mit anderen Unternehmen der Fremdenverkehrswirtschaft, dienstlichen Einrichtungen, Ministerien, Forschungseinrichtungen und anderen Verwaltungen des Fremdenverkehrs
- Planung und Durchführung von kulturellen Sonderveranstaltungen und Ausstellungen

Im Werbeausschuss des Nordrhein-Westfälischen Heilbäderverbandes, im Verband Heilklimatischer Kurorte Deutschlands und im Fremdenverkehrsausschuss der Industrie- und Handelskammer von Bielefeld vertrat er die Interessen unseres Kurortes stets mit großem Erfolg.

Herr Döhler verfügt über ein profundes Fachwissen, das er in den vielfältigen Arbeitsbereichen jederzeit gut umzusetzen wusste, und zeigte dabei stets eine außerordentlich hohe Einsatzbereitschaft.

Als Kurdirektor verfügt Herr Döhler über eine angenehme natürliche Autorität, die ihm stets ein gutes und zielorientiertes Arbeiten mit allen Mitarbeitern der Kurverwaltung und des Thermal- und Solequellbades ermöglichte. Mit seinen Leistungen waren wir immer voll und ganz zufrieden.

Herrn Döhlers Kooperation mit Vorgesetzten, Kollegen und Mitarbeitern war jederzeit vorbildlich. Unsere Gäste schätzen seine kompetente, verbindliche und jederzeit liebenswürdige Wesensart.

Auf eigenen Wunsch beendete Herr Döhler fristgerecht zum 31.3.2015 seine Tätigkeit bei uns. Wir bedauern diese Entscheidung, die wir natürlich respektieren müssen, bedanken uns für seine Mitarbeit und wünschen ihm beruflich wie persönlich alles Gute und viel Erfolg.

Bad Salzuflen, 1.4.2015
Staatlich anerkanntes Heilbad

L. Brauer
Bürgermeister

Kommentar zur 2. Version
Jetzt liegt ein doch noch halbwegs vernünftiges, vorzeigbares Arbeitszeugnis vor, das sicherlich wegen der relativ kurzen Verweildauer (keine zwei Jahre!) eines etwa 45-jährigen Kurdirektors mit hoher Personalverantwortung immer noch Nachfragen und Erklärungswünsche beim neuen Arbeitsplatzanbieter aufkommen lassen wird. Es ist jedoch so weit erst einmal formal ganz ordentlich gestaltet.

Einschätzung
Ein jetzt schon recht ordentliches Arbeitszeugnis, mit dem man sich aber wegen objektiver Gründe (Verweildauer) nicht wirklich schmücken kann.

Zwischenzeugnis

Herr Torsten Richter, geboren am 13.11.1969 in Worms, ist seit dem 1.1.2012 in unserem Unternehmen als Leiter der Qualitätssicherung tätig.

Herr Richter war für den Aufbau unseres Qualitätsmanagementsystems nach DIN EN ISO 9001 federführend zuständig, das er auch erfolgreich organisiert und richtungweisend realisiert hat. Ihm ist es zu verdanken, dass unsere Starter- und Industriebatterien im letzten Jahr von der Deutschen Gesellschaft für Qualitätsmanagement zertifiziert wurden. Darüber hinaus führt Herr Richter interne und externe Qualitätsaudits sowie betriebsinterne Qualitätsschulungen durch.

Aufgrund seines umfassenden Fachwissens, seiner stets schnellen Auffassungsgabe und des außerordentlichen Engagements erfüllt er die ihm übertragenen Aufgaben jederzeit zu unserer vollen Zufriedenheit. Er motiviert die ihm unterstellten Mitarbeiter durch eine fach- und personenbezogene Führung stets zu guten Leistungen.

Herr Richter ist sehr weiterbildungsmotiviert und hat sich in eigener Initiative neben seinem großen beruflichen Engagement mit enormem Einsatz und guten Ergebnissen im Qualitätsmanagement weitergebildet.

Sein Verhalten gegenüber Vorgesetzten und Kollegen ist stets vorbildlich. Auch von unseren Geschäftspartnern wird er immer sehr geschätzt.

Zum 1.7.2015 übernimmt Herr Richter aufgrund seiner erfolgreichen internen Stellenbewerbung die Aufgabe des Leiters Qualitätsmanagement in unserem Werk in Dessau. Dieses Zeugnis wird ihm anlässlich der Beendigung seiner bisherigen Tätigkeit ausgestellt.

Wir danken Herrn Richter für seine stets guten Leistungen und hoffen auch weiterhin auf eine gute Zusammenarbeit.

Regensburg, 30.6.2015

Energie AG, Werk Regensburg

Jürgen Eppmann
Dr. Jürgen Eppmann
Geschäftsführer

Kommentar

Ein kurzes Zwischenzeugnis ohne Schnörkel, in dem alle Bestandteile berücksichtigt sind. Von der Bewertung her ist es als gut bis befriedigend einzuschätzen.

Die Tätigkeitsbeschreibung sollte noch um weitere Aufgaben ergänzt werden. Ebenso ist die Leistungsbeurteilung einfach zu kurz. Hier wurde die zusammenfassende Leistungsbeurteilung gleich integriert. Danach folgt ein Satz über das Führungsverhalten. In einem neuen Absatz wird mit einem Satz die Weiterbildungsmotivation beschrieben. Verhalten, Ausstellungsgrund und Dank werden ebenso kurz angeführt.

Auch wenn alle Aspekte nur kurz dargestellt werden, sind sie von der Benotung her als positiv bewertet anzusehen.

Da sich der Zeugnisempfänger bei einer internen Stellenausschreibung bewährt hat und in einem anderen Werk des Unternehmens eine neue Tätigkeit aufnimmt, müssen seine Leistungen ja gut und die Geschäftsführung ihm wohlgesinnt sein. Daher sollte er ruhig um die oben genannten Ergänzungen bitten.

Das Ausstellungsdatum spielt bei Zwischenzeugnissen eigentlich keine Rolle. Der Unterzeichner ist als hochkarätige Führungsperson ausgewiesen. Das ist auch für Zwischenzeugnisse von Bedeutung.

> **Einschätzung**
> Ein Zeugnis ohne große Schnörkel mit einer guten bis befriedigenden Benotung, das durch einige Ergänzungen noch verbessert werden könnte.

Katalog von Beispielformulierungen

Zeugnissprache: Die wichtigsten positiven Sprachformeln

In dem nun folgenden Katalog von Beispielformulierungen für ein Arbeitszeugnis möchten wir Ihnen auf übersichtliche Weise zeigen, mit welchen Formulierungen welche Bewertung verbunden ist. Dazu haben wir eine Aufteilung in drei Zielgruppen vorgenommen:
1. gewerbliche Arbeitnehmer
2. Angestellte
3. außertarifliche und leitende Angestellte

Die Beispielformulierungen sind nach einem Gliederungsschema geordnet, wie es bei Arbeitszeugnissen verwendet wird.

Gliederung der Textbausteine

Einleitung
Positions-, Aufgaben- und Tätigkeitsbeschreibung (hier kann auch ein Absatz zum Unternehmen und seiner Position stehen)
Leistungsbeurteilung
- Arbeitsbereitschaft und -befähigung
- Arbeitsweise
- Arbeitserfolg (Arbeitsmenge, -tempo und -qualität)
- Besondere Arbeitserfolge
- Ggf. Führungsleistung
- Ggf. Fachwissen / Weiterbildungsmotivation
- Zusammenfassende Beurteilung der Leistung

Verhaltensbeurteilung
- Verhalten gegenüber Vorgesetzten, Kollegen und Dritten
- Weitere persönliche und soziale Verhaltensaspekte

Abschluss
Grund für das Ende des Arbeitsverhältnisses
- Kündigung durch den Arbeitnehmer mit Begründung
- oder: Kündigung durch den Arbeitnehmer ohne Begründung
- oder: Kündigung durch den Arbeitnehmer bei Nichteinhaltung der Kündigungsfrist

> oder: Beendigung des Arbeitsverhältnisses durch Aufhebungsvertrag oder Vergleich
> oder: betriebsbedingte Kündigung durch den Arbeitgeber
> oder: andere Formen der Kündigung durch den Arbeitgeber
> oder: fristlose Kündigung durch den Arbeitgeber
> oder: Beendigung des Arbeitsverhältnisses durch Vertragsablauf

Bedauerns-Dankes-Formel
Zukunftswünsche

Bei den großen Abschnitten Leistungs- und Verhaltensbeurteilung sowie bei der Bedauerns-Dankes-Formel und bei den Zukunftswünschen wurde folgendes Benotungsschema zugrunde gelegt:
> Sehr gute Beurteilung
> Noch gute Beurteilung
> Knapp befriedigende Beurteilung

Ein Exkurs behandelt das Zwischenzeugnis in allen wichtigen Aspekten für die oben aufgeführten drei Zielgruppen.

Ein Arbeitszeugnis selbst beurteilen und schreiben

Mit diesem Zeugnisformulierungskatalog können Sie ein vorliegendes Zeugnis besser einordnen und interpretieren. Er dient aber vor allem als Hilfe bei der Formulierung eines eigenen Zeugnisentwurfes, wobei betont werden muss, dass die einzelnen Textbausteine nicht schematisch aneinandergereiht werden dürfen, sondern im Rahmen einer Gesamtzeugniskonzeption moderat und stilistisch geglückt miteinander verbunden werden sollten, angereichert durch individuelle Erweiterungen bzw. Ergänzungen.

Selbstverständlich sind die Formulierungsbeispiele unter einem Oberthema alternativ zu verstehen, d. h., es ist jeweils nur ein Beispiel zu dem behandelten Thema für den Zeugnisentwurf auszuwählen. Wenn es passt, können jedoch Formulierungen aus den unterschiedlichen Zielgruppen (gewerbliche Arbeitnehmer, Angestellte, außertarifliche und leitende Angestellte) kombiniert werden.

Sehr gute und noch gute Beurteilungsbeispiele sind ausführlicher berücksichtigt als knapp befriedigende. Damit wollen wir der Tatsache Rechnung tragen, dass auf dem Arbeitsmarkt vor allem gute

Zeugnisse die Bewerbungschancen verbessern. Befriedigende oder gar schlechtere Benotungen verderben die Chancen. Allerdings haben sehr gute Zeugnisbeurteilungen häufig einen Beigeschmack des Übertriebenen, „Geschönten". Ein Beispiel für ein solches übertrieben lobendes Zeugnis und eine verbesserte, abgemilderte Version davon zeigen wir Ihnen unter **www.berufsstrategie-exakt.de**. Es mag paradox klingen, aber so gesehen sind gute Zeugnisse – weil weniger verdächtig – besser als sehr gute. Um auf diese Problematik deutlicher hinzuweisen, haben wir ab der „guten" Kategorie die Benotungsstufen pointierter formuliert („noch gut", „knapp befriedigend").

Die für den Laien nicht immer einsichtige Zuordnung bestimmter Formulierungen zu einzelnen Benotungsstufen orientiert sich an der gängigen Praxis, unter Berücksichtigung von Rechtsprechung und Fachliteratur, sowie an zahlreichen in unserem Büro für Berufsstrategie analysierten Arbeitszeugnissen.

Bei etwa 80 Prozent der Arbeitszeugnisse wird das Präteritum (Vergangenheitsform) verwendet. Lediglich bei Zwischenzeugnissen und zur Beschreibung von zeitkonstanten Leistungs- und Verhaltensmerkmalen wird das Präsens (Gegenwartsform) eingesetzt.

Textbausteine für gewerbliche Arbeitnehmer

Einleitung

- Herr / Frau (Vorname, Name), geboren am ... in ..., war vom ... in unserer Abteilung (Bezeichnung) als (Berufsbezeichnung) tätig.
- Herr / Frau (Vorname, Name), geboren am ... in ..., trat am ... als (Berufsbezeichnung) in unser Unternehmen ein.
- XY, geboren am ..., wurde am ... als ... eingestellt.
- XY war vom ... bis zum ... bei uns im Rahmen eines befristeten Arbeitsverhältnisses als ... beschäftigt.

Positions-, Aufgaben- und Tätigkeitsbeschreibung
> XY arbeitete in der Produktionsabteilung ... vorwiegend in dem Bereich ... Zu seinen Aufgaben gehörte ...
> XY war in unserem Unternehmen mit unterschiedlichen Aufgaben betraut. Dazu zählten: ... (Aufzählung nach Wichtigkeit).
> XYs Aufgabengebiet umfasste in der Hauptsache: ... (Aufzählung).
> XY war zunächst in der Abteilung ... als ... tätig. Zu seinen Aufgaben gehörten ... (Aufzählung). Ab dem ... wurde XY aufgrund seiner guten Leistungen und einer erfolgreichen internen Bewerbung in der Abteilung ... als ... eingesetzt. Dort war XY in der Tarifgruppe ... mit der selbstständigen Bearbeitung folgender Aufgaben betraut: ... (Aufzählung).

Leistungsbeurteilung
Übersicht zu den hier beurteilten Merkmalen:
> Arbeitsbereitschaft und -befähigung
> Arbeitsweise
> Arbeitserfolg (Arbeitsmenge, -tempo und -qualität)
> Besondere Arbeitserfolge
> Zusammenfassende Beurteilung der Leistung

Arbeitsbereitschaft und -befähigung
Sehr gute Beurteilung der Arbeitsbereitschaft und -befähigung
> XY war stets sehr gut motiviert und verfügte über eine in jeder Hinsicht ausgezeichnete Arbeitsbefähigung.
> XY zeichnete sich durch eine sehr hohe Arbeitsmoral aus und war jederzeit bereit und fähig, zusätzliche und auch schwierige Arbeiten zu übernehmen.
> XY verfügte jederzeit über eine sehr hohe Arbeitsbereitschaft und vorbildliche Pflichtauffassung. Er war immer ein stark belastbarer und sehr ausdauernder Mitarbeiter.
> XY ist jederzeit in der Lage und bereit, vielschichtige und besonders schwierige Tätigkeiten auszuführen.

Noch gute Beurteilung der Arbeitsbereitschaft und -befähigung
- › XY war stets gut motiviert und verfügt über eine in jeder Hinsicht gute Arbeitsbefähigung.
- › XY zeichnete sich durch eine hohe Arbeitsmoral/hohes Pflichtbewusstsein aus und war bereit und fähig, zusätzliche und auch schwierige Arbeiten zu übernehmen.
- › XY verfügte über eine hohe Arbeitsbereitschaft und vorbildliche Pflichtauffassung. Er war immer ein belastbarer und ausdauernder Mitarbeiter.

Knapp befriedigende Beurteilung der Arbeitsbereitschaft und -befähigung
- › XY war gut motiviert und verfügte über eine gute Arbeitsbefähigung.
- › XY verfügte über eine gute Arbeitsbereitschaft. Er war ein belastbarer und ausdauernder Mitarbeiter.

Arbeitsweise
Sehr gute Beurteilung der Arbeitsweise
- › XY arbeitete jederzeit absolut zuverlässig, zielstrebig und zügig. Hervorzuheben ist seine hervorragende Planung von Werkzeug- und Materialbedarf.
- › XY arbeitete stets sehr effizient, routiniert und zielstrebig. Er dachte jederzeit mit, erledigte Arbeitsvorbereitungsmaßnahmen selbstständig und plante seinen Werkzeug- und Materialbedarf sehr gut.
- › XYs Umgang mit Betriebsmitteln und Materialien war stets und in jeder Hinsicht vorbildlich.
- › XY arbeitet stets mit größter Zuverlässigkeit, Zielstrebigkeit und in hohem Arbeitstempo.

Noch gute Beurteilung der Arbeitsweise
> XY arbeitete sehr zuverlässig, zielstrebig und zügig. Hervorzuheben ist seine gute Planung von Werkzeug- und Materialbedarf.
> XY arbeitete sehr effizient, routiniert und zielstrebig. Er dachte mit, erledigte Arbeitsvorbereitungsmaßnahmen selbstständig und plante seinen Werkzeug- und Materialbedarf gut.
> XY arbeitet sehr zuverlässig und zügig. Betriebsmittel und Materialien werden von XY stets sachgemäß und überlegt eingesetzt.

Knapp befriedigende Beurteilung der Arbeitsweise
> XY arbeitete zuverlässig und zügig.
> XY arbeitete effizient und zielstrebig.

Arbeitserfolg (Arbeitsmenge, -tempo und -qualität)
Sehr gute Beurteilung des Arbeitserfolges
> XYs Arbeitsergebnisse waren – auch bei wechselnden Anforderungen und in sehr schwierigen Fällen – stets von sehr guter Qualität. Arbeitsmenge und -tempo lagen jederzeit sehr weit über unseren Erwartungen / Anforderungen.
> XYs Arbeitsqualität übertraf immer weit die Anforderungen, die an einen qualifizierten Facharbeiter gestellt werden können. Dasselbe galt für Arbeitsmenge und -tempo.
> Die Qualität der Arbeit von XY lag immer sehr weit über dem durchschnittlichen Standard seines Teams. Seine Arbeitsproduktivität war stets enorm hoch.
> XYs Arbeitsergebnisse erfüllen auch bei wechselnden Anforderungen stets eine sehr gute Qualität.
> XYs Arbeitsmenge und -tempo liegen stets sehr weit über den vorgegebenen Normen.

Noch gute Beurteilung des Arbeitserfolges
> XYs Arbeitsergebnisse waren – auch bei wechselnden Anforderungen und in schwierigen Fällen – stets von guter Qualität. Arbeitsmenge und -tempo lagen immer über unseren Anforderungen / Erwartungen.

> XYs Arbeitsqualität übertraf weit die Anforderungen, die an einen qualifizierten Facharbeiter gestellt werden können. Dies gilt auch für seine Arbeitsproduktivität.
> Die Qualität der Arbeit von XY lag stets deutlich über dem durchschnittlichen Standard seines Teams, ebenso wie Arbeitsmenge und -tempo.
> XYs Arbeitsergebnisse sind auch bei wechselnden Anforderungen stets qualitativ gut. Seine Werkstücke sind immer von guter Qualität.

Knapp befriedigende Beurteilung des Arbeitserfolges
> XYs Arbeitsergebnisse waren von guter Qualität und lagen – was Arbeitsmenge und -tempo anbetrifft – über unseren Erwartungen.
> XYs Arbeitsqualität erfüllte voll die Anforderungen, die an einen qualifizierten Facharbeiter gestellt werden können. Dies trifft auch auf Arbeitsmenge und -tempo voll zu.
> Die Qualität seiner Arbeit entsprach stets voll dem durchschnittlichen Standard seines Teams. Arbeitsmenge und -tempo waren gut.
> XYs Arbeitsergebnisse sind qualitativ gut.
> XY arbeitet stets intensiv.

Besondere Arbeitserfolge
> XY bestand die Ausbildereignungsprüfung und hat erfolgreich bei der Ausbildung mitgewirkt.
> XY setzte seine sehr guten Fachkenntnisse erfolgreich in der Berufsausbildung unserer Auszubildenden ein, bei denen er sehr beliebt ist / war.
> XY übernahm erfolgreich die Abwesenheitsvertretung unseres ... für den Bereich ...

Zusammenfassende Beurteilung der Leistung (Zufriedenheitsaussage)
Sehr gute Gesamtbeurteilung der Leistung
> Die XY übertragenen Arbeiten erledigte er stets zu unserer vollsten Zufriedenheit.
> Seine Leistungen waren stets sehr gut.
> XYs Leistungen fanden stets in jeder Hinsicht unsere ausnahmslose/vollste Anerkennung.

Noch gute Gesamtbeurteilung der Leistung
> Die XY übertragenen Arbeiten erledigte er stets zu unserer vollen Zufriedenheit.
> Seine Leistungen waren sehr gut.

Knapp befriedigende Gesamtbeurteilung der Leistung
> Die XY übertragenen Arbeiten erledigte er zu unserer vollen Zufriedenheit.

Verhaltensbeurteilung

Übersicht zu den hier beurteilten Merkmalen:
> **Verhalten gegenüber Vorgesetzten, Kollegen und Dritten**
> **Verhalten gegenüber Dritten (nur bei Berufen, die mit Kunden, Publikum usw. zu tun haben)**
> **Weitere persönliche und soziale Verhaltensaspekte**

Verhalten gegenüber Vorgesetzten, Kollegen und Dritten
Sehr gute Beurteilung des Verhaltens
> XYs Verhalten gegenüber Vorgesetzten und Kollegen war stets einwandfrei/vorbildlich/mustergültig/lobenswert/sehr gut.
> XY wurde von Vorgesetzten und Kollegen als fleißiger und freundlicher Mitarbeiter sehr geschätzt.
> XY war wegen seines freundlichen und kollegialen Umgangs bei Vorgesetzten und Kollegen gleichermaßen sehr beliebt.
> XYs Verbindlichkeit wurde von Vorgesetzten und allen Kollegen sehr geschätzt.

Noch gute Beurteilung des Verhaltens
- XYs Verhalten zu Vorgesetzten und Kollegen war einwandfrei/vorbildlich/mustergültig/lobenswert/sehr gut.
- Sein kollegiales Wesen machte ihn bei Vorgesetzten und Kollegen beliebt.
- XY wurde von Vorgesetzten und Kollegen als fleißiger und freundlicher Mitarbeiter geschätzt.
- XY war wegen seines freundlichen und kollegialen Umgangs bei Vorgesetzten und Kollegen gleichermaßen geschätzt.

Knapp befriedigende Beurteilung des Verhaltens
(Deutlich dadurch, dass der Vorgesetzte an zweiter Stelle genannt wird)
- XYs Verhalten Kollegen und Vorgesetzten gegenüber war einwandfrei/vorbildlich.

Verhalten gegenüber Dritten
(nur bei Berufen, die mit Kunden, Publikum usw. zu tun haben)
Sehr gute Beurteilung des Verhaltens
- XY kam mit unseren Kunden stets sehr gut zurecht.
- XY wurde wegen seines Engagements und seiner zuvorkommenden Art von unseren Besuchern/Mandanten stets sehr geschätzt.

Noch gute Beurteilung des Verhaltens
- XY ist als ... mit unseren Kunden stets gut zurechtgekommen.

Knapp befriedigende Beurteilung des Verhaltens
- Von Besuchern/Mandanten und Anrufern wurde XY wegen seiner zuvorkommenden Art geschätzt.

Weitere persönliche und soziale Verhaltensaspekte
Diese Beurteilungskategorie wird in vielen Zeugnissen weggelassen. Ein Fehlen darf deshalb keine negativen Rückschlüsse zur Folge haben.

Sehr gute Beurteilung des Verhaltens
- XY fügte sich immer sehr gut in wechselnde Arbeitsteams ein.
- XY war stets bereit, seine Kollegen mit seinem sehr guten Fachwissen in schwierigen Fällen zu unterstützen.
- Für unsere Auszubildenden war XY immer ein kenntnisreicher Betreuer, der diesen stets mit Rat und Tat zur Seite stand.

Noch gute Beurteilung des Verhaltens
- XY fügte sich immer gut in wechselnde Arbeitsteams ein.

Knapp befriedigende Beurteilung des Verhaltens
- XY fügte sich gut in wechselnde Arbeitsteams ein.

Weiter geht es mit dem Abschnitt „Zeugnisabschluss" (s. S. 170).

Textbausteine für Angestellte

Einleitung
- Herr/Frau (Vorname, Name), geboren am ... in ..., war vom ... in unserer Abteilung (Bezeichnung) als (Berufsbezeichnung) tätig.
- Herr/Frau (Vorname, Name), geboren am ... in ..., trat am ... als (Berufsbezeichnung) in unser Unternehmen ein.
- XY, geboren am ..., wurde am ... als ... eingestellt.
- XY war vom ... bis zum ... bei uns im Rahmen eines befristeten Arbeitsverhältnisses als ... beschäftigt.

Positions-, Aufgaben- und Tätigkeitsbeschreibung
- XY arbeitete in der Abteilung ... vorwiegend in dem Bereich ... Zu seinen Aufgaben gehörte ...
- XY war in unserem Unternehmen im Bereich ... mit unterschiedlichen Aufgaben betraut. Dazu zählten: ... (Aufzählung nach Wichtigkeit).
- XYs Aufgabengebiet umfasste in der Hauptsache: ... (Aufzählung).

> Nach erfolgreicher Einarbeitung übernahm XY das Verkaufsgebiet ... zur umsatzverantwortlichen Bearbeitung. Sein Aufgabengebiet umfasste ... Außerdem wirkte er bei den Projekten ... mit.
> XY war zunächst in der Abteilung ... als ... tätig. Zu seinen Aufgaben gehörten ... (Aufzählung). Ab dem ... wurde XY aufgrund seiner guten Leistungen und einer erfolgreichen internen Bewerbung in der Abteilung ... als ... eingesetzt. Dort war XY in der Tarifgruppe ... mit der selbstständigen Bearbeitung folgender Aufgaben betraut: ... (Aufzählung).

Leistungsbeurteilung
Übersicht zu den hier beurteilten Merkmalen:
> Arbeitsbereitschaft
> Arbeitsbefähigung
> Arbeitsweise
> Arbeitserfolg (Arbeitsmenge, -tempo und -qualität)
> Besondere Arbeitserfolge
> Fachwissen / Weiterbildungsmotivation
> Zusammenfassende Beurteilung der Leistung

Arbeitsbereitschaft
Sehr gute Beurteilung der Arbeitsbereitschaft
> XY war stets hoch motiviert.
> XY hat sich mit großem Engagement und Erfolg in das neue Arbeitsgebiet eingearbeitet.
> Schon nach sehr kurzer Einarbeitungszeit arbeitete XY vollkommen selbstständig.
> XY war stets ein engagiert arbeitender und fleißiger Mitarbeiter, der aufgrund seines hohen persönlichen Einsatzes einen bedeutenden Beitrag zum Aufbau unseres / des ... geleistet hat.

Noch gute Beurteilung der Arbeitsbereitschaft
- XY war stark motiviert und verfolgte beharrlich die gesetzten Ziele.
- XYs Arbeitsbereitschaft war stets gut.
- Schon nach einer kurzen Einarbeitungszeit arbeitete XY vollkommen selbstständig.

Knapp befriedigende Beurteilung der Arbeitsbereitschaft
- XY war ein motivierter Mitarbeiter, der die ihm gesetzten Ziele verfolgte.
- XYs Arbeitsmotivation/-bereitschaft/Dienstauffassung war gut.

Arbeitsbefähigung

Sehr gute Beurteilung der Arbeitsbefähigung
- XY stellte an sich selbst sehr hohe fachliche Anforderungen, die er jederzeit voll erfüllte.
- XY war ein ausdauernder und außerordentlich belastbarer Mitarbeiter, der auch unter schwierigen Arbeitsbedingungen alle Aufgaben stets sehr gut bewältigte.
- XY verfügt über sehr große Berufserfahrung und beherrscht seinen Arbeitsbereich in jeder Weise umfassend, sicher und vollkommen.
- XY arbeitete stets sicher und selbstständig.
- XY hat oft neue praktikable Ideen, die er erfolgreich in seine Arbeit integriert.

Noch gute Beurteilung der Arbeitsbefähigung
- XY stellte an sich selbst hohe Fachanforderungen, die er jederzeit voll erfüllte.
- XY war ein ausdauernder und belastbarer Mitarbeiter, der auch unter schwierigen Arbeitsbedingungen alle Aufgaben stets gut bewältigte.
- XY hat eine umfassende Berufserfahrung und beherrscht seinen Arbeitsbereich überdurchschnittlich.
- XY setzte seine guten und fundierten Fachkenntnisse sehr erfolgreich ein.

› Aufgrund der soliden Fachkenntnisse erzielte XY überdurchschnittliche Erfolge.

Knapp befriedigende Beurteilung der Arbeitsbefähigung
› XY beherrschte sein Arbeitsgebiet umfassend.
› XY verfügt über gute Berufserfahrungen.

Arbeitsweise
Sehr gute Beurteilung der Arbeitsweise
› XY erledigte seine Aufgaben stets selbstständig mit äußerster Sorgfalt und größter Genauigkeit.
› XY arbeitete stets sehr zielstrebig, umsichtig und termingerecht.
› XYs Arbeitsweise ist geprägt durch hohe Zielorientierung und Systematik sowie ausgezeichnetes Verantwortungs- und Kostenbewusstsein.
› XY zeichnete sich bei der Erledigung aller Aufgaben durch Gewissenhaftigkeit, Genauigkeit und Umsicht aus. Auch in schwierigen Situationen konnte man sich sehr gut auf ihn verlassen.

Noch gute Beurteilung der Arbeitsweise
› XY erledigte seine Aufgaben stets selbstständig mit großer Sorgfalt und Genauigkeit.
› Wir lernten XY als einen engagierten, aufgeschlossenen Mitarbeiter kennen, der seine Tätigkeiten mit vollem Einsatz erfolgreich ausführte.
› XY war ein engagierter und fleißiger Mitarbeiter, der sich schnell in seine neuen Arbeitsaufgaben einarbeitete und dem Betrieb auf seinem Gebiet wichtige Impulse gegeben hat.

Knapp befriedigende Beurteilung der Arbeitsweise
› XY erledigte seine Aufgaben stets sorgfältig und genau.
› XY arbeitete sicher und selbstständig.

Arbeitserfolg (Arbeitsmenge, -tempo und -qualität)
Sehr gute Beurteilung des Arbeitserfolges
› XY beeindruckte uns stets durch eine sehr gute Arbeitsqualität, wobei er die selbst gesetzten und vereinbarten Ziele auch unter schwierigsten Bedingungen stets erreichte, meist sogar noch übertroffen hat.
› XY war immer ein zuverlässiger, leistungsfähiger Mitarbeiter, der seine umfangreichen Arbeitsaufgaben folgerichtig, zügig und stets sehr gut erledigte.
› XY fand stets hervorragende Problemlösungen, die er auch erfolgreich umsetzte.

Noch gute Beurteilung des Arbeitserfolges
› XY war ein zuverlässiger, leistungsfähiger Mitarbeiter, der seine umfangreichen Arbeitsaufgaben folgerichtig, zügig und sehr gut erledigte.
› Die von XY gefundenen Lösungen und deren Umsetzungen waren sehr gut.
› XY ist ein leistungsfähiger, zuverlässiger Mitarbeiter, der seine Aufgaben stets gut erledigt.

Knapp befriedigende Beurteilung des Arbeitserfolges
› XYs Arbeitsqualität war gut, wobei er die vereinbarten Ziele erreichte.
› XY arbeitet sorgfältig und genau.

Besondere Arbeitserfolge
In diesem Abschnitt bestehen individuelle inhaltliche Gestaltungsmöglichkeiten. Schwerpunktthemen können in den Bereichen Vertrieb, Marketing und Außendienstaktivitäten liegen, aber auch in der Reorganisation, der Projektarbeit sowie bei Verbesserungsvorschlägen. Weitere besondere Arbeitserfolge sind z. B. aus der Erweiterung von Kompetenzen bzw. der Beförderung abzuleiten.

- XY erreichte trotz schwieriger Wirtschaftslage eine sehr hohe Umsatz- und Gewinnsteigerung. Damit gehörte er zu unseren besten Verkäufern.
- XY erledigte vertrauliche geschäftliche Sonderaufgaben selbstständig und zügig stets zu unserer vollsten Zufriedenheit.
- Hervorzuheben sind XYs schnelle Auffassungsgabe, die sehr selbstständige Arbeitsweise sowie ein überdurchschnittlicher Arbeitseinsatz, mit dem es XY gelang, schwierige Projektierungsaufgaben stets fristgerecht und erfolgreich zu beenden.

Fachwissen / Weiterbildungsmotivation
Sehr gute Beurteilung von Fachwissen / Weiterbildungsmotivation
- XY verfügt über eine sehr breite und beachtliche Berufserfahrung und beherrscht seinen Arbeitsbereich stets umfassend, souverän und vollkommen.
- XY ist sehr lernmotiviert und hat sich in eigener Initiative neben seinem Beruf mit hohem zeitlichem Engagement und sehr gutem Ergebnis bei ... weitergebildet.
- XY besitzt ein umfassendes, detailliertes und aktuelles Fachwissen im Bereich ... und wendet die vorhandenen Methoden / Instrumente und Techniken jederzeit sehr wirksam in seiner Berufspraxis an.

Noch gute Beurteilung von Fachwissen / Weiterbildungsmotivation
- XY verfügt über eine breite Berufserfahrung und beherrscht seinen Arbeitsbereich umfassend und überdurchschnittlich.
- XY ist lernmotiviert und hat sich in eigener Initiative neben seinem Beruf mit hohem zeitlichem Engagement und gutem Ergebnis bei ... weitergebildet.

Knapp befriedigende Beurteilung von Fachwissen / Weiterbildungsmotivation
- XY beherrschte seinen Arbeitsbereich umfassend.
- XY war lernmotiviert und hat sich neben seinem Beruf bei ... weitergebildet.

Zusammenfassende Beurteilung der Leistung (Zufriedenheitsaussage)

Sehr gute Gesamtbeurteilung der Leistungen
- XY erfüllte seine Aufgaben stets zu unserer vollsten Zufriedenheit und war uns damit ein sehr wertvoller Mitarbeiter.
- XYs Leistungen waren stets/immer/jederzeit sehr gut.
- Wir waren stets mit XYs Leistungen in jeder Hinsicht außerordentlich/höchst/äußerst/vorbehaltlos zufrieden. Er war ein sehr guter Mitarbeiter.
- Die ihm übertragenen Arbeiten erfüllte er stets zu unserer höchsten Zufriedenheit.
- XY hat als hoch qualifizierte Fachkraft im Bereich ... stets zu unserer vollsten Zufriedenheit gearbeitet.
- Seine Leistungen haben uns jederzeit und in jeder Hinsicht voll befriedigt und unsere ganze Anerkennung gefunden.

Noch gute Gesamtbeurteilung der Leistungen
- XY erfüllte seine Aufgaben zu unserer vollen Zufriedenheit. Er war für uns ein wertvoller Mitarbeiter.
- XY arbeitete selbstständig, zuverlässig und stets zu unserer vollen Zufriedenheit.
- XYs Leistungen haben stets unsere volle Anerkennung gefunden. Damit gehörte er zu unseren guten Mitarbeitern.
- XY hat als hoch qualifizierte Fachkraft im Bereich ... stets zu unserer vollen Zufriedenheit gearbeitet.
- Seine Leistungen haben unsere volle Anerkennung gefunden. XY gehörte stets zu unseren guten ...

Knapp befriedigende Gesamtbeurteilung der Leistungen
- XYs Leistungen waren gut.
- Wir waren mit XYs Leistungen jederzeit zufrieden.

Verhaltensbeurteilung
Übersicht zu den hier beurteilten Merkmalen:
> Verhalten gegenüber Vorgesetzten, Kollegen und Dritten
> Weitere persönliche und soziale Verhaltensaspekte

Verhalten gegenüber Vorgesetzten, Kollegen und Dritten
Sehr gute Beurteilung des Verhaltens
> XYs Verhalten gegenüber Vorgesetzten, Kollegen und Kunden war stets vorbildlich. Er trug in starkem Maße zu einem harmonischen Betriebsklima bei.
> XYs Zusammenarbeit mit Vorgesetzten und Kollegen war stets sehr gut. Besonders hervorzuheben ist auch seine jederzeit sehr gute Zusammenarbeit mit unseren …, auf deren Anliegen er flexibel einging.
> XY war wegen seiner freundlichen und zuvorkommenden Art stets sehr geschätzt und beliebt bei seinen Vorgesetzten, Kollegen und …
> XY war wegen seiner stets verbindlichen, kooperativen und hilfsbereiten Art seinen Vorgesetzten eine äußerst wertvolle Unterstützung und bei den Kollegen immer/jederzeit sehr geschätzt. Auch sein Verhalten gegenüber … (z. B. Klienten) war vorbildlich. Im Umgang mit anspruchsvollen und schwierigen … bewies er jederzeit Gewandtheit und hervorragendes diplomatisches Geschick.

Noch gute Beurteilung des Verhaltens
> XYs Verhalten gegenüber Vorgesetzten, Kollegen und … war einwandfrei/vorbildlich. Er trug wesentlich zu einem harmonischen Arbeitsklima bei.
> XYs Zusammenarbeit mit Vorgesetzten und Kollegen war stets gut. Besonders hervorzuheben ist auch seine jederzeit gute Zusammenarbeit mit unseren …, auf deren Anliegen er flexibel einging.

Knapp befriedigende Beurteilung des Verhaltens
Durch eine Umstellung der Reihenfolge in den Personengruppen Vorgesetzte, Kollegen usw. wird Kritik am Verhalten zum Ausdruck gebracht, ebenso durch die Technik der Negation, wie z. B. mit der Formulierung „kein Anlass zu Beanstandung/Klage/Tadel".
> XYs Verhalten gegenüber Kollegen, Vorgesetzten und ... war gut/vorbildlich/einwandfrei.

Weitere persönliche und soziale Verhaltensaspekte
Sehr gute Beurteilung des Verhaltens
> XY fügte sich stets vorbildlich in die unterschiedlichen Arbeitsteams ein und ist mit Mitarbeitern aller Hierarchieebenen jederzeit sehr gut zurechtgekommen.
> Mit XYs exzellenten Umgangsformen waren wir stets außerordentlich zufrieden.
> Besonders hervorzuheben ist sein außerordentliches pädagogisches Geschick. Unsere Auszubildenden haben jederzeit sehr gerne von ihm gelernt.

Noch gute Beurteilung des Verhaltens
> XY fügte sich vorbildlich in die unterschiedlichen Arbeitsteams ein und ist mit Mitarbeitern aller Hierarchieebenen jederzeit gut zurechtgekommen.
> Mit XYs guten Umgangsformen waren wir stets voll zufrieden.

Knapp befriedigende Beurteilung des Verhaltens
> XY fügte sich gut in die unterschiedlichen Arbeitsteams ein und ist mit Mitarbeitern aller Hierarchieebenen zurechtgekommen.

Weiter geht es mit dem Abschnitt „Zeugnisabschluss" (s. S. 170).

Textbausteine für außertarifliche und leitende Angestellte

Einleitung

- Herr/Frau (Vorname, Name), geboren am ... in ..., war vom ... in unserer Abteilung (Bezeichnung) als (Berufsbezeichnung) tätig.
- Herr/Frau (Vorname, Name), geboren am ..., war in unserem Unternehmen als leitender Angestellter in der Position des ... vom ... bis zum ... tätig.
- Herr/Frau (Vorname, Name), geboren am ... in ..., trat am ... als (Berufsbezeichnung) in unser Unternehmen ein.
- XY, geboren am ... in ..., war vom ... bis zum ... im Rahmen eines außertariflichen Angestelltenverhältnisses in unserem Unternehmen als ... tätig. Am ... wurde ihm Einzelprokura/Gesamtprokura (evtl. Handlungsvollmacht, Generalvertretung etc.) erteilt.
- XY, geboren am ..., leitete vom ... bis zum ... als alleinvertretungsberechtigter Geschäftsführer unser Unternehmen.
- XY war vom ... bis zum ... bei uns im Rahmen eines befristeten Arbeitsverhältnisses als ... beschäftigt.

Positions-, Aufgaben- und Tätigkeitsbeschreibung

- XYs außertarifliches Aufgabengebiet umfasste die selbstständige Erledigung von ...
- Hauptaufgaben in dieser mit großem Gestaltungsspielraum und Eigenverantwortung ausgestatteten Position waren: ...
- Der Wirkungs- und Verantwortungsbereich von XY umfasste im Wesentlichen die selbstständige Erledigung folgender Schwerpunktaufgaben: ...
- XY leitete die Stabsabteilung ... Zu seinen Aufgaben gehörten insbesondere ... Daneben ergaben sich folgende zusätzliche Schwerpunktaufgaben: ...
- Schwerpunkte im Ziel- und Aufgabenspektrum von XY waren:... Aufgrund seiner besonderen Leistung wurde XY ab dem ... als ... mit der verantwortlichen Leitung unserer ... Abteilung betraut. Seine Aufgaben waren hier im Wesentlichen: ...

- › XY arbeitete in der Abteilung ... vorwiegend in dem Bereich ... Zu seinen Aufgaben gehörte ...
- › XY war in unserem Unternehmen im Bereich ... mit unterschiedlichen Aufgaben betraut. Dazu zählten: ... (Aufzählung nach Wichtigkeit).
- › Nach erfolgreicher Einarbeitung übernahm XY das Verkaufsgebiet ... zur umsatzverantwortlichen Bearbeitung. Sein Aufgabengebiet umfasste ... Außerdem wirkte er bei den Projekten ... mit.
- › XY war zunächst in der Abteilung ... als ... tätig. Zu seinen Aufgaben gehörten ... (Aufzählung). Ab dem ... wurde XY aufgrund seiner guten Leistungen und einer erfolgreichen internen Bewerbung in der Abteilung ... als ... eingesetzt. Dort war XY in der Tarifgruppe ... mit der selbstständigen Bearbeitung folgender Aufgaben betraut: ... (Aufzählung).

Leistungsbeurteilung

Übersicht zu den hier beurteilten Merkmalen:
- › Arbeitsbereitschaft
- › Arbeitsbefähigung
- › Arbeitsweise
- › Arbeitserfolg
- › Besondere Arbeitserfolge
- › Fachwissen / Weiterbildungsmotivation
- › Führungsleistung und -erfolg
- › Zusammenfassende Beurteilung der Leistung (Zufriedenheitsaussage)

Arbeitsbereitschaft

Sehr gute Beurteilung der Arbeitsbereitschaft
- › Wir schätzen XY als eine dynamische Fach- und Führungspersönlichkeit, die ihren Aufgabenbereich stets mit großem Engagement zielorientiert und ergebnisgerecht geleitet und durch vielfältige Initiativen weiterentwickelt hat.

- › Stets zeigte XY eine herausragende Einsatzbereitschaft, wobei sein Enthusiasmus und seine optimistische Haltung auch in schwierigen Arbeitssituationen sehr motivierend auf Kollegen und Mitarbeiter wirkten.
- › XY genießt unser Vertrauen aufgrund seines hohen (z. B. einfügen: juristischen) Könnens und seines ausgeprägten beruflichen Engagements.

Noch gute Beurteilung der Arbeitsbereitschaft
- › XY ist eine dynamische Fach- und Führungspersönlichkeit, die ihren Aufgabenbereich stets mit großem Engagement zielorientiert geleitet und durch viele Initiativen weiterentwickelt hat.
- › Stets zeigte XY eine gute Einsatzbereitschaft, wobei seine optimistische Haltung auch in schwierigen Arbeitssituationen sehr motivierend wirkte.
- › XY führte alle Aufgaben sehr umsichtig aus, auf der Grundlage einer breiten Wissensbasis und stark motiviert.

Knapp befriedigende Beurteilung der Arbeitsbereitschaft
- › XY leitet seinen Aufgabenbereich mit Engagement.
- › XY zeigte eine gute Arbeitsbereitschaft.

Arbeitsbefähigung
Sehr gute Beurteilung der Arbeitsbefähigung
- › Die Fach- und Leistungskompetenz von XY war stets und in jeder Hinsicht sehr gut.
- › XY agierte in neuen geschäftlichen Arbeits- und Belastungssituationen stets sicher, flexibel und sehr gut.
- › XY bewies ein sehr gutes analytisch-konzeptionelles und zugleich pragmatisches Denk- und Urteilsvermögen.
- › Die Anforderungen dieser vielseitigen und schwierigen Arbeitsaufgaben erfüllte XY in idealer Weise und war dadurch ein in jeder Hinsicht äußerst fähiger Mitarbeiter.
- › XY erfüllte die Anforderungen dieses verantwortungsvollen Arbeitsplatzes stets in hervorragender Weise.

Noch gute Beurteilung der Arbeitsbefähigung
- Die Fach- und Leistungskompetenz von XY war stets und in jeder Hinsicht gut.
- XY agierte in neuen geschäftlichen Arbeits- und Belastungssituationen sicher, flexibel und gut.
- XY bewies ein gutes analytisch-konzeptionelles und zugleich pragmatisches Denk- und Urteilsvermögen.
- XY zeigte sich den Anforderungen und Belastungen seines Arbeitsbereiches stets gut gewachsen.

Knapp befriedigende Beurteilung der Arbeitsbefähigung
- Die Fach- und Leistungskompetenz von XY war gut.
- XY zeigte sich den Anforderungen und Belastungen seiner Position gut gewachsen.

Arbeitsweise

Sehr gute Beurteilung der Arbeitsweise
- XY bearbeitete und löste alle Problemstellungen seines Aufgabengebietes stets sehr selbstständig, systematisch und sorgfältig.
- XY arbeitet selbstständig, zielstrebig und umsichtig und erzielt dabei stets optimale Lösungen.
- XY ist ein äußerst engagierter, zuverlässiger und aktiver Mitarbeiter, der sich durch Kreativität und Durchsetzungsvermögen auszeichnet.
- XY hat stets unser absolutes Vertrauen genossen und hatte daher Zugang zu allen geschäftspolitischen Daten unseres Unternehmens.

Noch gute Beurteilung der Arbeitsweise
- XY bearbeitete und löste alle Problemstellungen seines Aufgabengebietes sehr selbstständig, systematisch und sorgfältig.
- XY arbeitet sehr zielstrebig und umsichtig und erzielt dabei stets gute Ergebnisse.

Knapp befriedigende Beurteilung der Arbeitsweise
- XY bearbeitete und löste die Problemstellungen seines Aufgabengebietes selbstständig, systematisch und sorgfältig.

Arbeitserfolg
Sehr gute Beurteilung des Arbeitserfolges
- XY arbeitete immer nach klarer, durchdachter, eigener Planung und erzielte stets optimale Arbeitserfolge.
- XYs Arbeitsergebnisse erfüllten stets höchste Ansprüche. Sein Erfolg bewies sein unternehmerisches Format.
- XY hat die mit seiner Position verbundenen Gestaltungsmöglichkeiten zu unserer absolut vollsten Zufriedenheit kreativ und verantwortungsbewusst genutzt. Immer wieder verstand er es, in seinem Arbeitsgebiet wichtige Impulse zu geben und neue Wege zu beschreiten. Auf diese Weise erzielte er erhebliche wirtschaftliche Erfolge für unser Unternehmen.
- Die Arbeit von XY war stets von ausgezeichneter Qualität.

Noch gute Beurteilung des Arbeitserfolges
- XY arbeitete nach klarer, durchdachter, eigener Planung und erzielte stets gute Arbeitserfolge.
- XYs Arbeitsergebnisse waren stets von hoher Qualität.
- Die Arbeit von XY erfüllte stets hohe Ansprüche.

Knapp befriedigende Beurteilung des Arbeitserfolges
- XY arbeitete nach eigener Planung und erzielte gute Arbeitserfolge.
- XYs Arbeitsergebnisse erfüllten hohe Ansprüche.

Besondere Arbeitserfolge
Nur bei sehr guter bzw. guter Beurteilung.
In diesem Abschnitt bestehen individuelle inhaltliche Gestaltungsmöglichkeiten. Schwerpunktthemen können in den Bereichen Vertrieb, Marketing und Außendienstaktivitäten liegen, aber auch in der Reorganisation, der Projektarbeit sowie bei Verbesserungsvorschlägen. Weitere besondere Arbeitserfolge sind z. B. aus der Erweiterung der Kompetenzen bzw. der Beförderung abzuleiten.

- XY erzielte durch eine kontinuierliche Optimierung der Arbeitsabläufe eine Kapazitätssteigerung von x Prozent, ohne dass dafür zusätzliche Investitionen notwendig waren.
- Wir haben XY wegen seiner sehr guten Leistungen auf dem Gebiet … bereits nach kurzer Zeit in die Gruppe der außertariflichen Angestellten übernehmen können.
- Wir haben XY aufgrund seiner bisherigen Erfolge mit schwierigen Projekten betrauen können. Er erarbeitete innerhalb kürzester Zeit sehr gute Lösungsvorschläge, die sich dann in der Praxis auch hervorragend bewährten.
- XY erstellt des Öfteren schwierige Gutachten. Er hat in Fachkreisen einen Namen als anerkannter Experte.

Fachwissen / Weiterbildungsmotivation
Sehr gute Beurteilung von Fachwissen / Weiterbildungsmotivation

- XY verfügt über eine sehr breite und beachtliche Berufs- und Leitungserfahrung. Die Unternehmensleitung konnte sich stets auf seine fundierten fachlichen Urteile und umsichtigen Empfehlungen verlassen.
- XY ist hoch weiterbildungsmotiviert und hat sich in eigener Initiative neben seinem starken beruflichen Engagement mit enormem Einsatz und sehr guten Ergebnissen in … weitergebildet.

Noch gute Beurteilung von Fachwissen / Weiterbildungsmotivation

- XY verfügt über eine große Berufs- und Leitungserfahrung. Die Unternehmensleitung konnte sich auf seine fundierten Urteile und umsichtigen Empfehlungen verlassen.

> XY besitzt ein umfassendes, detailliertes und aktuelles Fachwissen im Bereich ... und wendet die vorhandenen Methoden/Instrumente und Techniken jederzeit wirksam in seiner Berufspraxis an.

Knapp befriedigende Beurteilung von Fachwissen/Weiterbildungsmotivation
> XY verfügt über eine große Berufserfahrung. Die Unternehmensleitung hat seine Empfehlungen oft berücksichtigt.

Führungsleistung und -erfolg
Vorab: Charakterisierung der Führungsaufgaben und -umstände:
> Das von XY geleitete Team umfasste ... (Anzahl) Spezialisten aus den Bereichen ...
> XY verfügt über eine langjährige Führungserfahrung mit ...
> XY führte in seinem Bereich ... (Anzahl) Mitarbeiter.

Sehr gute Beurteilung von Führungsleistung und -erfolg
> XY motivierte die ihm unterstellten Mitarbeiter durch eine fach- und personenbezogene Führung stets zu sehr guten Leistungen.
> XY war als Vorgesetzter anerkannt und beliebt. Sein Verhalten gegenüber seinen Mitarbeitern war immer offen und kollegial, sodass es ihm stets gelang, seine Mitarbeiter auch in schwierigen Situationen zu sehr guten Arbeitsergebnissen zu motivieren.
> Die Führung von Mitarbeitern im Bereich ... stellt hohe Anforderungen an den Vorgesetzten. XY hat alle Disziplinarfragen aufgrund seines Durchsetzungsvermögens stets sehr gut gelöst.
> Durch XYs verbindliche, aber bestimmte Art hatte er ein ausgezeichnetes Verhältnis zu seinen Mitarbeitern. Dies führte zu einem sehr produktiven Arbeits- und Betriebsklima.

Noch gute Beurteilung von Führungsleistung und -erfolg
> XY motivierte die ihm unterstellten Mitarbeiter durch eine fach- und personenbezogene Führung stets zu guten Leistungen.

- > XY war sachlich überzeugend und ein verbindlicher Vorgesetzter. Dies machte sich stets in entsprechend guten Ergebnissen seiner Arbeitsgruppe bemerkbar.
- > Die Führung von Mitarbeitern im Bereich ... stellt hohe Anforderungen an den Vorgesetzten. XY hat alle Disziplinarfragen aufgrund seines Durchsetzungsvermögens stets gut gelöst.

Knapp befriedigende Beurteilung von Führungsleistung und -erfolg
- > XY motivierte die ihm unterstellten Mitarbeiter durch eine fach- und personenbezogene Führung zu guten Leistungen.
- > XY überzeugte seine Mitarbeiter und koordinierte ihre Zusammenarbeit. Er gab die sachlich notwendigen Informationen stets weiter und förderte die Fortbildung seiner Mitarbeiter.

Zusammenfassende Beurteilung der Leistung (Zufriedenheitsaussage)

Sehr gute Gesamtbeurteilung der Leistungen
- > XY hat die besonderen Aufgaben seiner Position stets zu unserer vollsten Zufriedenheit erledigt und unseren Anforderungen und Erwartungen in jeder Hinsicht und in allerbester Weise entsprochen.
- > XY hat ein weitgespanntes Spektrum sehr verschiedenartiger Aufgaben wahrgenommen. Mit seinen sehr guten Leistungen und Erfolgen waren wir stets außerordentlich zufrieden.
- > XY hat seine Position stets zu unserer vollsten Zufriedenheit ausgeübt.
- > XY hat seine Aufgaben stets zu unserer vollsten Zufriedenheit erfüllt.

Noch gute Gesamtbeurteilung der Leistungen
- > XY hat die besonderen Aufgaben seiner Position stets zu unserer vollen Zufriedenheit erledigt und unseren Anforderungen und Erwartungen in jeder Hinsicht gut entsprochen.

> XY hat ein weitgespanntes Spektrum sehr verschiedenartiger Aufgaben wahrgenommen. Mit seinen guten Leistungen und Erfolgen waren wir stets voll zufrieden.
> XY hat seine Position stets zu unserer vollen Zufriedenheit ausgeübt.

Knapp befriedigende Gesamtbeurteilung der Leistungen
> XY hat die Aufgaben seiner Position zu unserer vollen Zufriedenheit erledigt.
> XY hat ein weitgespanntes Spektrum sehr verschiedenartiger Aufgaben wahrgenommen. Mit seinen Leistungen waren wir voll zufrieden.

Verhaltensbeurteilung

Übersicht zu den hier beurteilten Merkmalen:
> Verhalten gegenüber Vorgesetzten, Kollegen und Mitarbeitern
> Verhalten gegenüber Dritten
> Weitere persönliche und soziale Verhaltensaspekte

Verhalten gegenüber Vorgesetzten, Kollegen und Mitarbeitern

Sehr gute Beurteilung des Verhaltens
> Wegen seiner kooperativen Wesensart war XY stets beim Vorstand, den Kollegen und den Mitarbeitern sehr beliebt.
> XY überzeugte fachlich und persönlich. Dies wurde von seinen Vorgesetzten, Kollegen und Mitarbeitern sehr geschätzt.
> XYs Verhalten gegenüber der Unternehmensleitung, seine Integration im Kollegium und sein offener Umgang mit den Mitarbeitern waren stets vorbildlich.
> XYs Kooperation mit Vorgesetzten, Kollegen und Mitarbeitern war stets sehr gut.

Noch gute Beurteilung des Verhaltens
> Wegen seiner kooperativen Wesensart war XY beim Vorstand, den Kollegen und den Mitarbeitern gleichermaßen sehr anerkannt und geschätzt.

> XY konnte fachlich und persönlich überzeugen und erwarb sich die Anerkennung und Wertschätzung seiner Vorgesetzten, Kollegen und Mitarbeiter.
> XYs Verhalten gegenüber der Unternehmensleitung, seine Integration im Kollegium und sein offener Umgang mit den Mitarbeitern waren vorbildlich.

Knapp befriedigende Beurteilung des Verhaltens
Durch eine Umstellung der Reihenfolge in den Personengruppen Vorgesetzte, Kollegen und Mitarbeiter wird deutliche, sehr starke Kritik zum Ausdruck gebracht, ebenso auch mithilfe der sogenannten Negationstechnik, wie z. B. in der Formulierung „kein Anlass zu Beanstandung / Klage / Tadel" etc.

> Wegen seiner aktiven und kooperativen Wesensart wurde XY von Mitarbeitern, Kollegen und Vorstandsmitgliedern gleichermaßen geschätzt und anerkannt.
> XY konnte fachlich und persönlich überzeugen und erwarb sich die Anerkennung seiner Vorgesetzten und Mitarbeiter. (Kollegen werden nicht erwähnt!)

Verhalten gegenüber Dritten
Auf diese Beurteilungskategorie wird häufig verzichtet. Ihr Fehlen weist also nicht auf Mängel im Verhalten gegenüber Dritten hin.

Sehr gute Beurteilung des Verhaltens
> XYs Auftreten gegenüber unseren ... (z. B. Geschäftspartnern) war stets vorbildlich.
> Die Zusammenarbeit mit unseren ... (z. B. Kunden) war wegen seiner guten Kontaktfähigkeit immer äußerst positiv und erfolgreich.
> Auch von unseren ... (z. B. Geschäftspartnern) wurde XY stets außerordentlich geschätzt.

Noch gute Beurteilung des Verhaltens
> XYs Auftreten gegenüber unseren ... (z. B. Geschäftspartnern) war vorbildlich.

- Die Zusammenarbeit mit unseren ... (z. B. Kunden) war wegen seiner guten Kontaktfähigkeit sehr positiv und erfolgreich.
- Auch von unseren ... wurde XY stets sehr geschätzt.

Knapp befriedigende Beurteilung des Verhaltens
- XYs Auftreten gegenüber unseren ... (z. B. Geschäftspartnern) war gut.

Weitere persönliche und soziale Verhaltensaspekte
Auf diese Kategorie wird häufig in Zeugnissen verzichtet. Aus ihrem Fehlen ist keine Kritik am Verhalten abzuleiten.

Sehr gute Beurteilung des Verhaltens
- Besonders hervorzuheben ist XYs absolute Integrität und seine hoch ausgeprägte Überzeugungs- und Durchsetzungsfähigkeit.
- Aufgrund seiner Persönlichkeit genoss XY in jeder Hinsicht voll und ganz unser Vertrauen.

Noch gute Beurteilung des Verhaltens
- Hervorzuheben ist XYs Integrität und seine ausgeprägte Überzeugungs- und Durchsetzungsfähigkeit.
- Wir schätzten an XY, dass für ihn die Interessen des Unternehmens höchste Priorität hatten.

Knapp befriedigende Beurteilung des Verhaltens
- Erwähnenswert ist XYs Überzeugungs- und Durchsetzungsfähigkeit.

Textbausteine für den Zeugnisabschluss

Der nun folgende letzte Abschnitt des Arbeitszeugnisses ist für die drei Gruppen gewerbliche Arbeitnehmer, Angestellte und leitende bzw. außertarifliche Angestellte gleich.
Im Wesentlichen geht es beim Abschluss des Zeugnisses um folgende Inhalte und Aspekte:

- **Formulierung der Kündigung**
  - Kündigung durch den Arbeitnehmer
    (mit und ohne Begründung)
  - Kündigung durch den Arbeitnehmer bei Nichteinhaltung der Kündigungsfrist
  - Beendigung des Arbeitsverhältnisses durch Aufhebungsvertrag oder Vergleich
  - Kündigung durch den Arbeitgeber
    - betriebsbedingt
    - andere Formen
    - fristlose Kündigung
  - Beendigung des Arbeitsverhältnisses durch Vertragsablauf (Befristung)
- **Bedauerns-Dankes-Formel**
- **Zukunftswünsche**

Formulierung der Kündigung
Kündigung durch den Arbeitnehmer (mit Begründung)
- XY verlässt unser Unternehmen am heutigen Tag, um sich beruflich zu verändern.
- XY verlässt uns auf eigenen Wunsch, um sich neuen beruflichen Aufgaben zu stellen.
- XY scheidet auf eigenen Wunsch aus, um sich beruflich zu verbessern.
- XY verlässt uns, um in einem anderen Unternehmen eine weiterführende Aufgabe zu übernehmen.
- XY verlässt uns auf eigenen Wunsch, um ... Er hatte das Arbeitsverhältnis fristgemäß zum ... gekündigt. Aufgrund der Tatsache, dass sein neuer Arbeitgeber ihn bat, möglichst frühzeitig in das neue Unternehmen zu wechseln, waren wir trotz gewisser Überbrückungsschwierigkeiten für uns aufgrund des sehr guten wechselseitigen Verhältnisses und in bester Absicht für XY mit einem vorzeitigen Wechsel einverstanden.
- Zum ... hat XY das mit uns bestehende Arbeitsverhältnis fristgemäß gekündigt, um ... (z. B. ein Studium aufzunehmen / sich selbst-

ständig zu machen / einen durch Berufswechsel des Ehepartners bedingten Ortswechsel mit zu vollziehen etc.).

Kündigung durch den Arbeitnehmer (ohne Begründung)
- XY scheidet auf eigenen Wunsch aus unserem Unternehmen aus.
- Auf eigenen Wunsch beendete XY zum ... seine Tätigkeit bei uns.
- XY trennt sich zum ... von unserer Firma aus eigenem Entschluss. (Die Formulierung „trennt sich" und „Entschluss" können eine vom Arbeitgeber geforderte bzw. erbetene Eigenkündigung andeuten.)

Kündigung durch den Arbeitnehmer bei Nichteinhaltung der Kündigungsfrist
- XY beendete auf eigenen Wunsch das Arbeitsverhältnis zum ... (sogenanntes „krummes" Datum, s. S. 60.).
- Um in einem anderen Unternehmen seinen Berufsweg fortzusetzen, verließ uns XY vorzeitig am ... („krummes" Datum).
- XY schied zum ... („krummes" Datum) auf eigenen Wunsch aus unserem Unternehmen aus, um sich umgehend einer neuen Arbeitsaufgabe stellen zu können.

Beendigung des Arbeitsverhältnisses durch Aufhebungsvertrag oder Vergleich
- Am ... endet das Arbeitsverhältnis in gegenseitigem Einvernehmen.
- Das Arbeitsverhältnis endet mit Datum vom ... in beiderseitigem besten Einvernehmen.
- Auf Wunsch von XY endet das Arbeitsverhältnis in beiderseitigem guten Einvernehmen am ...
- Das Arbeitsverhältnis endet zum ... durch einvernehmliche Trennung. (Deutet Probleme an, Trennung = Initiative des Arbeitgebers.)

Betriebsbedingte Kündigung durch den Arbeitgeber
- Zu unserem Bedauern musste das Arbeitsverhältnis mit XY fristgemäß und betriebsbedingt gekündigt werden.
- Das Ausscheiden von XY erfolgte betriebsbedingt unter Einhaltung sozialer Auswahlkriterien.
- Nach erfolgter Umstrukturierung unseres ... Bereiches konnten wir XY keinen neuen Arbeitsplatz in unserem Unternehmen anbieten und mussten daher leider das Arbeitsverhältnis betriebsbedingt beenden.

Andere Formen der Kündigung durch den Arbeitgeber
- Das Arbeitsverhältnis endete zum ...
- Die Auflösung des Arbeitsverhältnisses erfolgte zum ...
- Das Arbeitsverhältnis endet mit Ablauf des Monats ... innerhalb der Probezeit. Wir bedauern, dass es nicht zu einer Festanstellung gekommen ist.

Fristlose Kündigung durch den Arbeitgeber
- Vorzeitig / Ungeplant / Unwiderruflich / Kurzfristig mussten wir uns am ... von XY trennen.
- Das Arbeitsverhältnis endet aus besonderen Gründen.
- Bedauerlicherweise sahen wir uns gezwungen, zum ... („krummes" Datum) das Arbeitsverhältnis zu beenden.

Beendigung des Arbeitsverhältnisses durch Vertragsablauf (Befristung)
- Mit Ablauf der vereinbarten Zeit beenden wir das befristete Arbeitsverhältnis mit XY.
- Zu unserem großen Bedauern können wir XY zzt. keine Dauerbeschäftigung bieten, sodass das Arbeitsverhältnis mit Ablauf der vereinbarten befristeten Zeitspanne zum ... endet.

Bedauerns-Dankes-Formel (im Endzeugnis)

Sehr gute Bedauerns-Dankes-Formel

- Wir bedauern, in XY eine ausgezeichnete Fach-/Führungskraft zu verlieren, und danken ihm für die stets vorbildliche Leistung/Leitung im Bereich ...
- Wir danken für die stets sehr gute Zusammenarbeit und bedauern sehr, XY zu verlieren. Für seine Entscheidung, unser Unternehmen zu verlassen, haben wir aber Verständnis.
- Mit Bedauern über sein Ausscheiden danken wir XY für seine stets sehr guten Leistungen.
- Für die langjährige wertvolle Zusammenarbeit sind wir XY zu Dank verpflichtet. Wir bedauern es, diesen ausgezeichneten Mitarbeiter zu verlieren.

Noch gute Bedauerns-Dankes-Formel

- Wir bedauern, in XY eine gute Fach-/Führungskraft zu verlieren, und danken ihm für die stets gute Leistung/Leitung im Bereich ...
- Wir danken für die stets gute Zusammenarbeit und bedauern sehr, XY zu verlieren. Für seine Entscheidung, unser Unternehmen zu verlassen, haben wir aber Verständnis.
- Mit Bedauern über sein Ausscheiden danken wir XY für seine stets guten Leistungen.

Knapp befriedigende Bedauerns-Dankes-Formel

- Wir bedauern, in XY eine gute Fach-/Führungskraft zu verlieren, und danken ihm für die gute Leistung/Leitung im Bereich ...
- Wir danken für die gute Zusammenarbeit und bedauern, XY zu verlieren. Für seine Entscheidung, unser Unternehmen zu verlassen, haben wir aber Verständnis.

Zukunftswünsche

Fehlende Zukunftswünsche können auf erhebliche Differenzen hinweisen.

Sehr gute Zukunftswünsche
- ❭ Wir wünschen XY auf seinem weiteren Berufs- und Lebensweg alles Gute und weiterhin viel Erfolg.
- ❭ Wir wünschen diesem vorbildlichen Mitarbeiter beruflich und persönlich alles Gute und weiterhin viel Erfolg.
- ❭ Für seinen weiteren beruflichen Werdegang wünschen wir XY alles Gute, viel Glück und Erfolg.

Noch gute Zukunftswünsche
- ❭ Wir wünschen XY auf seinem weiteren Berufs- und Lebensweg alles Gute.

Knapp befriedigende Zukunftswünsche
- ❭ Wir wünschen XY für seine weitere Arbeit/weitere Tätigkeit alles Gute.

Zeugnisabschluss beim Zwischenzeugnis

Beim Zwischenzeugnis, das in den ersten vier Abschnitten (Einleitung, Aufgaben, Leistungs- und Verhaltensbeurteilung) genauso wie das qualifizierte Abschlusszeugnis aufgebaut ist, sind im letzten Zeugnisabschnitt die folgenden Aspekte zu berücksichtigen:
- ❭ Begründung für das Zwischenzeugnis
  - feststehendes Arbeitsvertragsende
  - mögliches Arbeitsvertragsende
  - Versetzung oder Veränderung im Arbeitsverhältnis
  - Vorgesetztenwechsel
  - Unterbrechung des Arbeitsverhältnisses
  - Eigentümerwechsel/Rechtsformänderung
  - sonstige Gründe
- ❭ Dankes-Formel im Zwischenzeugnis
- ❭ Zukunftswünsche

Begründungen für ein Zwischenzeugnis
Feststehendes Arbeitsvertragsende
› Da XY das Arbeitsverhältnis zum ... auf eigenen Wunsch beenden wird, erbat er dieses vorläufige Zeugnis.
› XY erhält dieses vorläufige Zeugnis, weil das Arbeitsverhältnis am ... im besten Einvernehmen beendet wird.
› Wunschgemäß stellen wir XY dieses vorläufige Zeugnis aus, da das befristete Arbeitsverhältnis mit Datum vom ... enden wird.

Mögliches Arbeitsvertragsende
› Da in unserem Unternehmen seit längerer Zeit Kurzarbeit geleistet wird, erbat XY dieses Zwischenzeugnis. Das Arbeitsverhältnis ist ungekündigt.
› Anlässlich der Eröffnung des Vergleichsverfahrens/Konkursverfahrens erhält XY dieses Zwischenzeugnis. Das Arbeitsverhältnis ist ungekündigt.

Versetzung oder Veränderung im Arbeitsverhältnis
› Wunschgemäß stellen wir XY dieses Zwischenzeugnis anlässlich der Beendigung seiner ...-Ausbildung aus. Das Arbeitsverhältnis ist ungekündigt.
› Zum ... übernimmt XY aufgrund seiner erfolgreichen internen Stellenbewerbung die Arbeitsaufgabe ... Dieses Zeugnis wird ihm anlässlich der Beendigung seiner bisherigen Tätigkeit ausgestellt.

Vorgesetztenwechsel
› Wunschgemäß erhält XY dieses Zwischenzeugnis, da sein langjähriger Vorgesetzter aus unserem Unternehmen ausscheidet.
› Aufgrund des Vorgesetztenwechsels wird XY dieses Zwischenzeugnis ausgestellt.

Unterbrechung des Arbeitsverhältnisses
› Anlässlich des Beginns der Elternzeit stellen wir XY dieses Zwischenzeugnis aus.

> XY erbat dieses Zwischenzeugnis aufgrund seiner Einberufung zum Wehrdienst.

Eigentümerwechsel / Rechtsformänderung
> XY erhält dieses Zeugnis anlässlich eines grundlegenden Gesellschafterwechsels / anlässlich einer Änderung unserer Rechtsform von ... in ...

Sonstige Gründe
> XY bat uns um dieses Zwischenzeugnis zur Vorlage bei ...
> Dieses Zwischenzeugnis wurde auf Wunsch von XY erstellt. Das Beschäftigungsverhältnis ist ungekündigt.
> Aufgrund der Freistellung für die Betriebsratsarbeit erhält XY dieses Zwischenzeugnis.

Dankes-Formel im Zwischenzeugnis
Sehr gute Formel
> Wir danken XY für seine stets sehr guten Leistungen und hoffen auch weiterhin auf eine gute Zusammenarbeit.

Noch gute Formel
> Wir danken XY für seine stets guten Leistungen und hoffen auch weiterhin auf eine gute Zusammenarbeit.

Knapp befriedigende Formel
> Wir danken XY für seine gute Leistung.

Zukunftswünsche
Zukunftswünsche werden im Zwischenzeugnis seltener zum Ausdruck gebracht, zum Teil sind sie bereits in der Dankes-Formel enthalten. Ein Fehlen kann nicht unbedingt negative Rückschlüsse zulassen. In ein gutes Zwischenzeugnis sollten sie jedoch Eingang finden.
> Wir wünschen uns auch für die Zukunft eine ebenso gute / erfolgreiche gemeinsame Arbeit.

> Wir freuen uns auf eine weiterhin gute/erfolgreiche Zusammenarbeit mit XY.
> In der Hoffnung auf weiterhin gute Zusammenarbeit wünschen wir XY in unserem Unternehmen/in seinem beruflichen Werdegang alles Gute/viel Erfolg.

Was Sie noch wissen sollten ...

Das Autorenteam Hesse/Schrader ist seit mehr als 30 Jahren auf dem Sektor der Bewerbungsratgeber sowie zu weiteren Themen aus der Arbeitswelt publizistisch tätig. Am Anfang stand die erstmalige Veröffentlichung von sogenannten Intelligenztests.
Beide Autoren verfügen über eine langjährige Erfahrung als Seminarleiter bei Test- und Bewerbungstrainings. 1992 gründeten sie in Berlin das *Büro für Berufsstrategie*, das Arbeitnehmer in allen erdenklichen beruflichen Fragen berät und unterstützt, auch was die Beurteilung, Verbesserung oder Neuformulierung von Arbeitszeugnissen betrifft.
In der Ratgeber-Reihe „Beruf & Karriere exakt" präsentieren wir Ihnen die wichtigsten Bewerbungsthemen in kompakter Form: die verschiedenen Formen der schriftlichen Bewerbung, das Vorstellungsgespräch sowie Arbeitszeugnisse. Zudem umfasst die Exakt-Reihe zahlreiche Spezialbücher zur Vorbereitung auf Eignungs-, Einstellungs- und Auswahltests. Als Leser der Reihe haben Sie die Möglichkeit, Zusatzmaterialien zum Thema Arbeitszeugnis auf der Seite **www.berufsstrategie-exakt.de** kostenlos herunterzuladen.
Lesern, die noch umfangreichere Informationen in den Bereichen Bewerbung, Beruf und Karriere wünschen, können wir auch unsere Trainings-Bücher empfehlen, z. B. Hesse/Schrader *Training Schriftliche Bewerbung*. Darin werden Bewerbungen im DIN-A4-Format originalgetreu präsentiert.

Wir wünschen Ihnen viel Erfolg auf dem Weg zum neuen Job!

Stichwortverzeichnis

Alkoholproblem AZ, Bsp. 64
Angestellte, AZ Textbausteine 151
Anspruch auf AZ 14
Arzt AZ, Bsp. 83
Aufbau 19
Auflösungsgrund, Checkliste 36
Ausbildungszeugnis 13
   Bsp. 98
Aushilfsjob-Zeugnis 14
Aussteller 15

Beispielarbeitszeugnisse
   Übersicht 40
Beispielformulierungen 142
Berufsausbildungszeugnis 13
   Bsp. 98

Checkliste Arbeitszeugnis 34

Fälligkeit AZ 17
Ferienjob-Zeugnis 14
Formales, Checkliste 34
Führungsbeurteilung, Checkliste 35
Führungskraft AZ, Bsp. 112, 115, 118, 125, 127, 130, 133, 139

Gefahr der Selbstüberschätzung 38
Geheimsprache 29
Gesamteindruck, Checkliste 36
Gewerbliche Arbeitnehmer, AZ Textbausteine 144
Gliederungsschema Textbausteine 142

Katalog Beispielformulierungen 141
Kündigung, fristlos, Bsp. 59

Leistungsbeurteilung, Checkliste 35
Leistungsbeurteilung, Formulierungen 25
Leitende Angestellte, AZ Textbausteine 160

Nebenjob-Zeugnis 14

Praktikumszeugnis 14
   Bsp. 103, 105

Selbstüberschätzung 38
Sprachformeln 142
Standards, formale 20

Tätigkeitsbeschreibung, Checkliste 34
Textbausteine 142
Traineezeugnis, Bsp. 107
Typen von Arbeitszeugnissen 8

Übersicht über die Zeugnisbeispiele 39
Verjährung 17
Verschlüsselungstechniken 33

Wichtige Elemente 11

Zeugnisabschluss, Textbausteine 170
Zeugnisabschluss Zwischenzeugnis, Textbausteine 175
Zeugnisarten 8
Zwischenzeugnis 12
   Bsp. 72, 91, 95

eBook inklusive:
So erhalten Sie die eBook-Version Ihres Buches

1. Gehen Sie auf die Seite **berufundkarriere.de**.
2. Geben Sie im Suchfeld die **Verlags-Nummer** Ihres Exakt-Titels (siehe hinten auf dem Buch, zum Beispiel E10123D) und **PDF** (für die PDF-Ausgabe) ein, zum Beispiel „E10123D PDF". Sie gelangen dann direkt zum gewünschten Produkt.
3. Legen Sie Ihr eBook in den **Warenkorb**.
4. Geben Sie im Warenkorb in das Feld **Rabattcodes** den unten stehenden Code (bitte freirubbeln) mit den Bindestrichen ein und klicken Sie auf **Rabattcode einlösen**, der Preis im Warenkorb wird dadurch auf „0,00 €" gesetzt.
5. Gehen Sie jetzt zur **Kasse** – falls Sie noch nicht eingeloggt sind, loggen Sie sich jetzt ein oder melden Sie sich neu an – und schließen Sie danach den Bestellvorgang ab. Bei den Zahlungsinformationen erscheint „Keine Zahlungsinformationen benötigt"; indem Sie den AGBs und dem Widerrufsverzicht zustimmen und auf den Button **Zahlungspflichtig bestellen** klicken, schließen Sie den Vorgang ab, ohne dass Ihnen für das eBook eine Zahlungspflicht entsteht.
6. In der Rubrik **„Meine digitalen Produkte" in Ihrem Benutzerkonto** finden Sie Ihr eBook jetzt zum Download, es steht Ihnen bei jeder weiteren Anmeldung zum erneuten Herunterladen zur Verfügung.